KB065198

내 몸은 내가 지킨다

내 몸은 내가 지킨다

2018년 5월 10일 초판 1쇄 인쇄
2018년 5월 15일 초판 1쇄 발행

지은이 프레드릭 살드만
옮긴이 박태신
편집기획 이원도
디자인 이창욱
교정 이혜림, 이준표, 이형석
제작 이규원
영업기획 이장호
발행처 빅북
발행인 윤국진
주소 서울시 양천구 목동중앙북로 18길 30 102호
등록번호 제 2016-000028호
이메일 bigbook123@hanmail.net
전화 02) 2644-0454
전자팩스 0502) 644-3937
ISBN 979-11-960375-2-9 03590
값 14,500원

*잘못된 책이나 파본은 교환하여 드립니다.

Votre santé sans risque

내 몸은 내가 지킨다

프레드릭 살드만 지음 | 박태신 옮김

빅북

머리말

"나는 정신을 훈련시키고, 사람들이 고통을 헤쳐 나아가는 데 도움이 되는 구체적인 도구들을 건네주는 의사가 되고 싶었다."

-알렉상드르 졸리앵

당신의 시계는 정확한 시간을 알려준다. 그렇지만 당신은 그 시계가 (문제가 있어) 하루에 1초씩 느리게 가고 있다는 것도 안다. 당신은 그 사실을 대수롭지 않게 여길 것이다. 주의를 기울이기에는 너무 짧기 때문이다. 하지만 1년으로 치면 6분, 3년으로 치면 18분, 그리고 5년 후에는 30분이나 느려질 것이다. 이렇게 되면 당신의 시계는 시간을 알려주는 기능을 상실하게 된다. 거의 사용불가 상태나 마찬가지다.

인간의 몸도 마찬가지로 기능한다. 당신은 생활습관에 따라 수명을 연장할 수도 단축할 수도 있다. 붉은색 경고등이 켜지면 이미 늦었다. 질병은 이미 당신의 몸에 돌이킬 수 없는 손상을 입혔다. 몸 속은 당신이 알아채기도 전에 초췌해졌다.

완벽한 세상은 존재하지 않는다. 우리는 불안정한 환경 속에서 살고 있으며, 또한 감정적 차원과 물질적 차원에서 공존하고 있다. 우리의 목적은 세상을 바꾸는 것이 아니라 우리를 둘러싸고 있는 것들과 조화를 이루며 사는 것이다. 주변이 아무리 혼란스럽더라도 균형감각과 무게중심을 찾아야 한다.

제대로 관리하지 못한 과체중이 전형적인 예다. 요즘 사람들은 축처져 과도한 스트레스에 시달리고 있다고 한다. 하지만 나중에 정신 차리고 대책을 세우면 된다고들 말한다. 그러면서 지금은 주말 또는 휴가를 즐기고 있으니까, 최대한 즐겁게 잘 보내야 하니까, 다이어트를 하겠다는 결심을 입버릇처럼 어기곤 한다.

사실은 적절한 때라고 하는 것은 없다. 과도한 체중을 줄이기 위한 이상적이고 완벽한 조건들이 동시에 갖춰지는 일은 결코 없을 것이다. 스트레스와 유혹이 없는 상태나 완벽한 다이어트 식사라고 하는 것은 완전히 허구에 불과하다.

자신의 체중이 정상 범위에서 벗어났다고 느껴지게 되면 마음이 혼미해지고 육체의 에너지를 갉아먹게 된다. 그렇게 늘 실패감(패배감)을 지니고 살게 된다. 그렇지만 마음을 굳게 다지고 다이어트를 시작하여 운동을 거르지 않으면, 불안은 점차 줄어들고 마음이 차분해질 것이다. 자기와 주변 환경 속에서 제대로 된 건강관리법을 숙달시키는 것도 건강을 지키는 구성 요소 중의 하나다.

나는 일상생활 속에서 당신의 건강에 해를 끼치는, 자잘하지만 분명히 무익한 것들을 찾아내는 방법, 또 그것들이 없어지도록 자연스럽게 처리하는 방법을 설명하고자 한다.

이 책을 통해서 나는 당신이 자신과 내적 약속을 맺기를 권한다. 당신이 건강에 관한 개인적인 성공(성취감)을 이루어내면 모든 것이 바뀔 것이다. 즉 평생 동안 무병장수할 것이다. 나는 당신 혼자에게만 말하듯이 이 책을 썼다. 지금 현재 친절하게 당신을 사랑하는 마음으로, 나는 건강에 도움이 되는 훌륭한 방법을 쉽게 이해할 수 있도록 제시해놓았다. 당신의 목표에 도달할 수 있도록 하기 위해서다. 환자들을 대하면서 나는 내 자신이 아이들을 돌보는 아버지가 된 느낌을 맛보곤 한다. 나는 매일 잠을 아껴가며, 건강을 지키는 수단들을 사람들에게 제공하기 위해 할 수 있는 모든 노력을 기울여왔다. 이 수단들은 간단하지만 알려져 있지 않고 진가도 크게 인정받지 못하고 있다. 하지만 대부분 상식에 근거를 두고 있다. 나는 당신에게 모든 것을 바꿔주는 '건강 제스처'들을 알려주겠다. 이 책을 통해 나는 매일매일 당신 곁에 함께 머물도록 하겠다. 당신 안에 존재하고 있는 이상과 힘을 손상되지 않은 상태로 보존하도록 돕는 것이 나의 목표다. 당신은 할 수 있다. 나이가 몇 살이든 간에 건강해지는 능력을 어렵지 않게 얻을 수 있다.

우리는 인생의 어떤 시기에 놓여 있더라도 변신할 수 있다. 자연은 그런 놀라운 예들을 보여주는데, 기어 다니는 애벌레가 나비가 되어 태양을 향해 날아오르는 모습 같은 것 말이다. 우리에게는 끊임없이 변화하고, 한 번의 삶을 통해 여러 개의 삶을 살며, 우리의 한계를 뛰어넘을 수 있는 소질이 있다. 변신 가능성을 볼 때 우리에게는 미지의 영역(힘)이 있음을 알 수 있다. 이제 그 영역을 찾아내는 탐험에 나서야 한다. 그런 노력은 자신의 삶을 책임지고 변화시키겠다고, 그냥 참고 있지는 않겠다고 결심하는 것이다.

생물학은 우리에게 변신 능력이 있다는 증거들을 제시하고 있다. 우리 몸의 유전형질(체질)은 건강관리를 어떻게 하느냐에 따라 변할 수 있다. 일란성 쌍둥이를 연구한 논문도 비슷한 근거를 제시하는데, 사람의 수명은 건강관리와 상호관계가 있다고 한다. 어떤 것도 이미 주어진 우리 자신의 출생을 변경할 수는 없다. 그렇지만 꾸준히 노력하면 우리 자신의 유전자 발현을 변경시킬 수는 있다.

우리의 뇌는 가소성(뇌가 외부 자극이나 환경변화에 대응하기 위해 변화하려는 특성)과 변환 기능을 똑같이 소유하고 있다. 우리가 하는 노력과 새로 전개

되는 상황들이 그렇게 뇌를 변화시킬 것이다. 그렇기 때문에 우리가 과거 경험을 되돌아볼 때, 감정적인 문제든 직업상의 문제든 그 당시에 왜 그런 선택을 했는지 도저히 이해할 수가 없다. 우리 뇌와 유전자는 그동안 진화했고, 그래서 우리가 이전에 경험한 것들을 분석하는 것은 아주 낯선 작업이 되고 만다. 그렇다고 과거에 좋은 선택을 하지 못했다고 자책감에 빠질 필요는 없다. 그 당시에는 그럴 수밖에 없었지만 지금은 상당히 진화되었기 때문이다.

삶은 움직임의 영속이다. 정체, 집안에 틀어박혀 지내기, 과보호는 위험하다. 우리에게 힘을 솟게 하는 긍정적 자극이라 여기면서, 자잘한 외부 요소들이 나를 공격하는 모습을 상상해 보자. 나쁜 세균을 피하겠다고 무균실에서 살 수는 없다. 스스로를 과보호하면 오히려 병에 걸리기 쉽다. 자연 환경을 구성하는 세균(박테리아)과 바이러스(병원균)는 우리 몸의 면역 시스템을 작동시키고, 또한 침입자를 식별하여 우리 몸을 보호하게 해준다.

인간의 몸은 어마어마한 자원들을 갖추고 있다. 이런 자원들을 결집시키지 않는다면 점점 감소하다가 흩어져 사라질 것이다. 인간의 근육, 창의성, 성욕은 매일매일 자극받아야 존재할 수 있다. 만약 당신이 두 달 동안 다리에 깁스를 하게 된다면 다리 근육은 완전한 정지 상태가 되어서, 나중에 깁스를 풀면 다리에 힘이 없어서 바로 바닥에 넘어지고 말 것이다.

당신의 상상력에 연료를 공급하면 그 상상력은 진가를 발휘한다. 창의성과 성욕에 발전기 역할을 하는 것이 바로 상상력이다. 상상력이 진가를 발휘하려면 독창성에 대한 연구가 필수적이다. 미지의 세계, 새로운 입맛, 여행, 발견, 꼭 만날 필요는 없는 사람들을 향해 발걸음을 옮겨야 한다. 일상의 타성과 나쁜 습관들은 날마다 조금씩 우리의 건강을 좀먹는 독이나 다름없다. 정말 중요한 것은 우리의 활력이다. 이러한 활력을 유지하고 발전시킬 줄 알아야 한다. 사람들은 본능적으로 아무것도 하지 않으려는 경향이 있지만 건강한 삶을 기대한다면 끊임없이 움직여야 한다. 내가 당신에게 소개하려는 것이 바로 이러한 움직임, 삶의 변화이다.

이 책을 통해 당신의 몸과 정신이 더 건강해지고 모두가 행복의 길로 들어서기를 바라는 마음이 간절하다.

2018년 2월

저자가

차례

2장 건강은 위생에 의해 좌우된다

3장 내 몸은 내가 지킨다

4장 건강다이제스트 처방전을 따라하라

5장 당신의 성적 본능을 자극하라

6장 당신 안에 잠든 아인슈타인을 깨워라

7장 이제부터 무병장수 프로젝트를 가동하라

특별부록 너만의 행복 보물지도를 그려라

이 책의 특징 및 사용법

이 책에 실린 권고 사항들을 실행에 옮기기 전에, 우선적으로 당신의 주치의나 전문의에게 자신의 정확한 건강상태를 알려라. 특히 계속되는 증상이 있으면 의사와 상담하라. 당신의 건강 상태가 어떻든 의사는 자기만의 의학적 견해를 전해줄 것이다. 참고로 응급 상황일 때에는 꼭 119 번호를 상기하라.

지금껏 수많은 과학 연구들이 한정된 사람들을 통해 이루어졌고, 앞으로도 더 많은 주제를 다룬 연구들이 차곡차곡 쌓여갈 것이다. 이런 연구들로 비롯된 권고 사항들을 활용하는 데 있어서 어떤 리스크(위험 요소)도 없는 한, 당신만의 견해를 제시하기 위해 혼자서 테스트해볼 수도 있다. 당신이 무엇을 느끼는지 가장 유능하게 알아낼 수 있는 사람은 바로 당신이다!

자신감을 갖고 당신에게 유익한 방향으로 선택하고 결정하라. 그것이 당신의 인생을 알차고 보람차게 열어갈 행복의 열쇠다.

- 당신만 모르는 건강 사용설명서(지침서)
- 행복한 삶을 위한 건강지식 체크리스트
- 현대인이 꼭 알아두어야 할 리스크 없는 건강 처방전
- 과학적 연구 결과가 말해주는 살더만의 권고사항
- 건강한 일상생활을 위한 종합선물세트
- 독자들에게 건강의 가치를 깨닫게 해주는 책
- 효과적인 브레인 건강 다이어트 비결 제시
- 무병장수를 위한 100세 건강 프로젝트
- 살더만의 행복 건강 에세이
- 건강기능식품의 보물창고

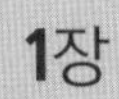

1장

브레인 건강 다이어트로 시작하라

"체중계 위에서 배를 밀어 넣는다고 몸무게가 줄어드는 것은 아니다."
-조제 아르튀르

현대인에게 있어서 건강의 척도, 또는 무병장수의 비결은 몸무게와 상당한 연관성이 있음이 과학적인 연구와 리서치에 의해 밝혀졌다. 그래서 우리에게 적절한 체중 조절과 다이어트는 필수적인 과제, 즉 숙명처럼 받아들여지고 있다.

그동안 우리가 알고 있었던 다이어트는 다소의 부작용과 문제점을 동반한 것도 사실이다. 이제 내가 제시하는 브레인 건강 다이어트의 시크릿(특급비밀)을 한 가지씩 배워보자.

흔히 우리가 알고 있는 다이어트에는 한 가지 음식만 먹는 다이어트, 탄수화물의 섭취를 제한하는 다이어트, 탄수화물 · 단백질 · 지방을 골고루 섭취하는 다이어트 등 전 세계적으로 알려진 다이어트 방법만 해도 수만 가지가 넘는다. 그런데 다이어트를 할 때 반드시 고려해야 하는 요소가 바로 칼로리다.

칼로리(calorie, 흔히 cal로 표기)는 음식에 들어 있는 열량의 단위로 영양학에서는 몸이 사용하는 에너지를 뜻하는데 칼로리는 체중, 즉 몸무게와 불가분의 관계에 놓여 있다. 자기의 체격에 적당한 몸무게를 유지하고, 칼로리를 꾸준히 관리해나가는 것이 곧 건강의 비결이 될 것이다.

적절한 체중을 유지하는 것이 왜 중요할까?

건강과 관련된 모든 과학적인 연구의 결과는 대동소이하게 거의 일치한다. 현대인에게 고도비만은 건강의 적이다. 비만은 건강에 상당한 위험요인으로 작용한다는 사실과 과체중이 된 만큼 수명도 크게 단축된다는 사실이다. 비만은 크게 가족의 유전적 기질과 환경적 요인에 의해 좌우된다.

특별히 암 발생의 위험성과 체중 증가와의 상호관계를 예로 들어보겠다. 과체중은 결국엔 우리 몸을 위험한 상황(감염성 질환, 유전성 질환 등을 제외한 부분), 즉 고혈압(고지혈증, 동맥경화), 심혈관 질환(심장질환과 뇌졸중), 당뇨병 등의 성인병과 맞닥뜨리게 한다. 비만은 오늘날 가장 큰 실패감을 맛보게 하는 고민거리다. 비만은 인류가 창조된 이후로 접한 그 어떤 재앙보다도 더 많은 사람을 죽일 수 있는 '침묵의 유행병'이다.

세계보건기구에 따르면 세계 14억의 사람들이 과체중이며 2030년에는 33억 명을 넘길 것이라고 추산하고 있다. 건강에 관한 문제라면 무엇이든 시도해 봐야 하겠지만, 무엇보다도 위험요소가 전혀 없는 유용한 수단이어야 한다. 어떤 사람에게 유익한 것이 다른 사람에게도 유익하다고 단언할 수는 없지만, 독창적인 방식을 시도하다 보면 1년 365일 건강한 체중을 유지할 수 있는 해결책도 찾아낼 수 있을 것이다. 게다가 최근 연구들은 건강한 비만이란 존재하지 않는다는 것을 잘 보여주고 있다. 건강한 비만은 그야말로 허구에 불과하다.

몸무게 그 자체가 중요한 것을 말해주지는 않는다. 실제로 근육 부분이 지방질 부분보다 무겁다. 이 둘의 비율을 알려주는 저울에서 체중을 측정해 보아야 한다. 조심해야 할 것은 '뚱뚱한 배'다. 배가 나오고 몸이 날씬한 것보다 배가 안 나오고 살찐 것이 오히려 낫다. 허리둘레가 90센티미터에서 110센티미터 사이인 남성은 조기 사망 위험성이 50% 증가하고, 70센티미터에서 90센티미터 사이인 여성은 80%로 증가한다.

적당한 체중을 유지하면 남들에게 좋은 인상을 보여주게 되어 자부심이 생긴다. 다른 사람들의 시선에 비친 자신의 모습을 자각하게 되면 실망할 수도, 기분이 좋아질 수도 있다.

나는 처음부터 너무 큰 목표를 설정하는 사람들이 염려된다. 큰 결심일수록 실행에 옮기기가 쉽지 않다. 목표치가 너무 높으면 높을수록 그 목표 달성이 불가능해지기 마련이다. 나는 오히려 일상생활 속에서 조금씩 실행할 수 있고 무의식적으로 하게 되는 대수롭지 않은 활동들을 선호하고 적극 권장한다. 삶에서 적당한 체중을 유지한다는 것은 일련의 변화들을 이끌어내는 것과 더불어 목표를 향해 집중할 줄 아는 것과 같다. 지속적으로 살을 뺄 수 있는 기적의 다이어트나 알약은 존재하지 않는다. 앞으로도 오랫동안 그럴 것이다.

사소해 보이지만 아주 효과적인 방법들이 있다. 우선 한 가지 예를 들어보이려고 한다. 만약 차나 커피를 마실 때 설탕을 넣지 않는 습관을 들인다면 나중에 단맛 나는 차나 커피가 싫어질 것이다. 점점 더 역겨워질 것이다. 더 이상 다이어트를 하지 않더라도 입맛은 변해 있을 것이다. 몇 주 지나면 이렇듯 당신의 뇌는 단맛을 덜 요구할 것이다. 소금도 마찬가지다. 한 달 동안 소금기(염분) 없는 식사를 하기로 결심한다면 나중엔 모든 음식이 너무 짜다고 느낄 것이다. 별다른 노력이라고 할 것도 없는 이런 방식으로 저염식 식단을 찾는 자신을 보게 될 것이다. 나도 시작이 어렵다는 점을 인정한다. 처음에는 견뎌내고 익숙해져야 한다. 보름만 참으면 한결 수월해질 것이다.

필요 없는 몸무게(살) 몇 킬로그램을 뺄 수 있는 일련의 방법들을 제시해 보겠다. 새로운 일주일 기법과 더불어 점진적으로 이 방법들을 채택하여 시행해 보라. 나중에 이러한 기법들이 최상의 결과를 낳았다고 고백하게 될 것이다. 일주일에 250그램만 살을 빼더라도 훌륭한 결과다. 의지가 있다면 1년이면 12킬로그램을 뺄 수 있다. 열심히 노력해 원래의 건강한 체중을 되찾도록 하자!

나는 체중을 재봤을 때 자신이 살찌지 않았다고 생각하는 사람들에게도 이런 작은 메시지를 보내지 않을 수가 없다. 이들도 '무거운' 뼈들과 뼈대가 있기 때문이다. 뼈대에는 등짝도 포함된다. 보통의 뼈대 무게는 남성의 경우 4킬로그램, 여성의 경우 3.5킬로그램이다. 가냘픈 뼈대와 아주 무거운 뼈대 사이에는 기껏해야 2킬로그램의 격차만 있을 뿐이다…….

체중을 늘려주지 않는
슈퍼 푸드

*득템 체크리스트

1) 정향의 깜짝 효과

정향나무의 꽃봉오리를 말린 정향(clove, 꽃봉오리가 못처럼 생긴 데서 유래)은 치아 부분의 천연 마취 효과로 유명하다. 정향은 오래 전 극심한 치통을 덜어주는 약이 존재하지 않던 시기, 그리고 치과가 없던 시절에 널리 사용되었다. 정향을 빨면 입안이 마취되어 잇몸과 치아의 통증이 완화된다. 혀의 미각 돌기에도 이 효과가 작용한다. 통증을 완화시키면서 음식에 대한 충동도 잠재운다. 배고프지 않다고 느끼는 것이다.

그래도 식탁으로 가서 한술 뜨게 되면 정말 입맛이 없을 것이다. 밥숟가락을 그만 놓고 싶은 욕구가 저절로 생겨날 것이다. 배고픔을 억제시키면 점진적으로 식욕을 조절할 수 있게 되어, 극심한 공복감도 피할 수 있다.

살을 빼기로 결심했다면, 건강한 식생활 습관을 갖도록 처음 보름 동안은 천연 식욕감퇴제에 의지하는 것이 좋다. 바로 정향을 3분 동안 빠는 것으로 충분히 그 효과를 맛볼 수 있다. 3분이 지나면 껌처럼 뱉어내면 된다. 게다가 정향에는 또 다른 효능이 존재한다. 독특한 향이 그것인데 마치 치과 병원에 들어온 느낌이 들 것이다. 덕분에 식욕도 떨어질 것이다!

*효능 및 효과 : 심혈관질환, 소화불량, 위장장애 등의 개선에 효능 있는 특효약으로 알려져 있으며, 구강성결제와 치통완화제의 주요 성분으로도 사용된다.

2) 얼음 다이어트

칼로리로만 따질 때 몸에 해로운 음식을 꼽으라면 단연 얼음이다. 얼음은 칼로리를 전혀 공급해주지도 않을뿐더러, 오히려 몸을 다시 데우려면 더 많은 칼로리를 소모해야 한다. 그런데 얼음의 위력은 다른 데 있다. "얼음처럼 냉담하다"라는 말은 현실에 딱 들어맞는 표현이다. 이 표현은 자극에 무감각하고 반응이 없으며 어떤 감정에든 빠지지 않는다는 것을 나타낸다.

식사하기 전이나 심하게 배고플 때 얼음 한 조각을 3분 동안 입속에 머금어보자. 냉기는 혀의 미각 돌기를 마비시켜 식욕을 떨어뜨리는 효과가 있어, 더 이상 식욕이 생기지 않는다. 얼음이라는 천연 식욕감퇴제는 칼로리가 전혀 없고 위험도 따르지 않는다. 사탕처럼 얼음을 핥아먹고서 식사를 시작해보자. 곧 문제가 되는 과식 상황에 잘 대처할 수 있을 것이다. 식사가 끝날 무렵에도 이렇게 해보자. 강한 냉기는 위속이 비워지는 속도를 늦출 수 있기 때문이다. 냉기와 통증이 같이 작용하면

교감신경계도 활성화된다.

이제 당신 차례다. 당신도 '얼음 다이어트'를 시작할 수 있다!

주문식 얼음 제조 원리

가정에서 두 배의 식욕감퇴제 효과를 내는 특수 얼음을 만들 수 있다. 냄비에 찬물을 채운 다음 식욕감퇴제 효능을 지닌 재료를 넣고서 교반기로 휘저어 주면 된다. 어떤 성분이 당신에게 가장 효과적인지 다음 예 중에서 찾아보자. (단 서로 섞어서 하지는 말 것.)

정향 차, 계피 차, 100% 다크 초콜릿, 사프란 차 등등.

3) 신비스런 밀라노식 수프

멜리스 씨 가족은 세상에서 가장 나이가 많다. 기네스북에 올라 있을 정도인데, 9남매가 지구에서 산 연수를 합치면, 장녀인 105세의 콘솔라부터 막내인 78세의 마팔다까지 모두 819년이 된다. 이들이 이탈리아 샤르데냐에서 장수한 유일한 가족은 아니다. 과학자들은 이들의 먹거리가 건강에 좋은 것들이라는 점, 특히 일상적으로 먹는 음식이 그 유명한 밀라노식 수프라는 사실에 주목했다.

이 수프는 오로지 야채로만 만들었다는 점이 중요하다. 단지 야채가 건강에 이롭다는 사실을 넘어서 이 수프는 다른 특이점이 있다. 포만감을 훨씬 더 느끼게 하고, 믹서로 갈아 만든 수프보다 더 만족스러운 혈당지수를 만들어낸다는 점이다.

모든 야채 조각들이 훨씬 더 오래 위에서 잔류하는데, 아직 위의 유문(십이지장과 연결된 위의 아랫부분을 통해 위 속 음식물들이 십이지장으로 지나감)을 통과할 수 있도록 위 효소들로도 잘게 부숴지지 않기 때문이다. 혈당지수는 식사 후 혈당 상승 폭을 나타내는데 혈당지수가 낮을수록 당 비율이 낮은 것이다. 예를 들어 퓌레(야채나 고기를 갈아서 체로 걸러 걸쭉하게 만든 음식)의 혈당지수는 80인 반면에 찐 감자는 70이다. 이처럼 야채를 갈거나 으깨면 영양 특성이 변하게 된다.

샤르데냐의 멜리스 가족처럼 해보자. 날씬해지고 오래오래 건강하게 살기 위해서 말이다. 이 마법의 수프를 식단에 넣어보면 어떨까? 밀라노식 수프를 먹고 나서 허기가 사라졌는지 확인해보자.

4) 브라질 너트의 비밀

땡땡(벨기에 만화 『땡땡의 모험』 시리즈의 주인공)에게도 흥미 있어할만한 불가사의가 숨어있다. 브라질 너트(호두)처럼 영양이 풍부하고 칼로리도 상당하게 압축되어 있는 식품이 어떻게 날씬해지는 데 도움이 될 수 있을까? 살을 빼려면 보통 칼로리가 낮은 식품을 선택해야 한다. 예를 들어 감자 한 개가 50칼로리인 반면에 브라질 너트 100그램은 평균적으로 700칼로리이다. 이해할 수 없을 정도다.

의학 연구에서도 종종 아주 재미있는 사례가 발생하곤 한다. 전혀 예상하지 못한 데서 좋은 결과를 얻어내는 경우가 있다. 비아그라가 아주 적질한 예다. 원래 고혈압을 치료하는 약을 만들어내는 것이 주된 목적이었다. 임상실험 중 남성 실험 대상자들에게서 약의 부작용, 즉 아주 강한 발기 증상이 일어난 것이다. 그 당시 약의 부작용 때문에 제조를 할 수 없었지만, 나중에 같은 약 성분으로 발기부전 치료약을 만들어낸 것이다.

브라질 너트의 경우도 비슷하다. 연구원들은 심혈관 질환 예방에 너트가 어떤 효력이 있는지 실험했다. 이 주제로 여러 연구가 진행되었고, 그 중의 한 연구에서는 86,000명의 간호사들로 하여금 장기간 동안 매주 120그램의 너트를 먹게 했다. 연구 결과, 이들이 심혈관 질환으로 사망할 위험이 35% 감소하는 효과를 확인했다. 임상실험 대상자들이 매일 너트 400칼로리를 소비하게 한 다른 연구에서는 해로운 콜레스테롤이 빠져나가고(7.5%에서 16% 정도), 심장 수축기 혈압이 저하된다는 명백한 결과가 나왔다.

몸에 좋은 지방인 너트 속 오메가3는 동맥을 더 유연하게, 덜 경직되게 해주는 효과가 있다. 또 다른 장점도 밝혀졌는데, CPK(염증 표지들) 수치가 저하된 것이다. 소화 작용은 염증을 증가시키는데 비해 오히려 너트가 조절 장치 역할을 했다.

연구 초기에는 예상하지 못하다가 새로운 사실이 밝혀졌는데 바로 살이 빠진다는 점이다. 제3자 그룹에 비해 추가적으로 너트 400칼로리를 섭취한 실험 대상자들의 체중이 단 1그램도 늘어나지 않은 것이다. 또 다른 연구에서는 적절하게 너트를 먹은 사람들이 허리둘레가 몇 센티미터 줄어들었고 더 수월하게 살을 뺄 수 있었다. 이유는 간단했다. 너트를 먹으면 포만감이 상당하게 늘어났다. 이 포만감 덕분에 조금씩이나마 이것저것 먹어대는 일이 없어지고, 피곤할 때 느끼는 아주 자잘한 허기가 있는 정도였다.

참고로 로마 병사들은 빨리 오랫동안 행군하기 위해 너트를 먹었다고 한다. 너트를 소화시키려면 많은 에너지가 필요하고, 따라서 그에 상응하는 신진대사 증가 때문에 많은 칼로리가 소모된다. 게다가 너트 속에 포함된 지방이 그 자체로 풍부한 섬유질 덕분에 혈액 속으로 덜 스며든다.

브라질 너트는 다른 호두에 없는 장점이 들어있다. 더 굵어서 입안에 더 가득 채울 수 있고 덕분에 포만감이 커진다. 그 결과 입속에 있는 압력 수용기(위와 같은 내장 부위에서 기계적인 압력의 정도를 느낄 수 있는 감각기능)들이 반응을 보이고 열번째 뇌신경(일반적으로 'X신경'이라 불리고, X는 '10'을 나타내는 로마 숫자)에 자잘한 자극을 가한다. 이어 열번째 뇌신경도 뇌에 자극을 가하고 그 결과 세로토닌이 분비되어 식욕이 완전히 억제된다.

특히 세로토닌은 칼로리는 없지만 온전한 식사를 한 것처럼 행복한 포만감을 건네주는 호르몬이다. 또 다른 메커니즘도 일어난다. 무의식중에 입안도 위 속과 똑같은 역할을 한다. 위벽에도 위가 가득 찼을 때 포만감 신호를 보내는 압력 수용기들이 있다. 가득 채워진 입도 뇌 속으로 포만감과 비슷한 신호를 보내고, 10번째 뇌신경의 실행을 명령한다.

Tips

브라질 너트 먹는 법

짭짤하지 않은지 확인하고서 브라질 너트를 사자. 브라질 너트 세 개씩 담을 작은 봉지들을 준비한다.
너트 세 개의 칼로리는 대략 70이다. 하루에 세 봉지의 너트를 먹는다. 하루 내내 주미니 속에 보관하면서 먹는디. 녹기나 으깨질 염려기 없고, 식욕감퇴제 삼아 언제든 씹어 먹으면 된다. 가능하면 아주 오래 입안에 머금고 충분히 잘 씹어주길 바란다. 이렇게 해서 에너지 소비를 증가시키고 적당한 체중을 유지해서 당신의 동맥을 보호하라.

5) 살을 빼주는 잣

한 끼의 샐러드용 야채 잎들 절반을 압축하면 아주 작은 귤 하나 크기에 해당한다. 이걸 100그램 정도 먹으면 겨우 13칼로리만 흡수하게 된다. 비타민, 미량 원소, 섬유질이 풍부해서 건강에는 최고다. 그런데 샐러드를 이 정도만 먹으면 배고파 견딜 수 없을 것이다! 샐러드는 여러 다이어트의 초기에 좋은 음식이기 때문에, 계속해서 먹다간 다시 살이 찐다. 95%의 사람들이 그렇다. 샐러드 섭취는 괜찮은 생각이고 재료를 잘 구성해서 만들면 독특한 음식이 될 수 있다. 샐러드는 접시에서 자리를 많이 차지한다. 이 개념이 아주 중요한데, 우리 뇌는 식탁에 차릴 음식의 부피를 기억하고 있다. 한 끼 식사량을 최소로 하고 싶을 때 강낭콩 몇 개가 곁들인 아주 작은 생선 요리를 예로 든다면, 이 요리를 쳐다본 것뿐인데 하루 종일 배가 고플 때마다 이 요리를 메뉴로 선택하게 된다.

식사 후에 허기를 느끼지 않고 주전부리를 하지 않으려면 샐러드 재료를 잘 선택해야 한다. 바로 한 움큼의 잣이 상황을 바꿔놓을 것이다. 잣은 놀랄 만한 식욕감퇴제 효능을 지니고 있다. 식욕을 떨어뜨리고 동시에 포만감을 느끼게 한다. 잣은 훌륭한 식물성 단백질원이고 콜레스테롤을 적절하게 줄여주는 피토스테롤을 함유하고 있다.

최근의 과학 연구는 잣의 식욕감퇴제 효능을 설명하기 위해 가능한 두 가지 생물학적 메커니즘을 밝혀냈다. 잣은 포만감에 영향을 미치는 두 가지 소화 호르몬(CCK, GLP 1) 분비를 유발시킨다. 특히 CCK는 위의 유문이 닫히도록 해준다. 이전에 말했던 것처럼 유문은 음식이 위에서 십이지장으로 넘어갈 때 열리고 닫히는 작은 문이다. 음식이 위 속에 오래 머물러 있을수록 지속적으로 포만감을 느낄 수 있다.

잣은 비교적 소화가 잘 된다. 잣 20그램 정도면 한번 먹는 데 적당한 양이고, 기껏해야 130칼로리만 섭취하는 셈이다. 또 잣을 국수나 밥에 뿌려 먹어도 좋다.

6) 페스토 소스라는 묘약

페스토 소스는 바질, 마늘, 올리브유, 파마산 치즈, 잣을 재료로 해서 만든다. 페스토 소스는 아주 맛이 있어서 수많은 요리에 사용된다. 올리브유 수프 한 스푼은 90칼로리이고 페스토 소스 한 스푼은 대략 60칼로리다. 소스를 집에서 만든다면, 바질과 잣의 양을 늘리고 올리브유와 파마산 치즈의 양을 줄여서 칼로리 수치를 얼마든지 낮출 수 있다.

페스토 소스 한 스푼만으로도 샐러드나 작은 생선찜을 먹는 '우울한 다이어트'에서 벗어나고, 혀를 즐겁게 할 수 있다. 특이점 한 가지가 더 있는데, 잣이 들어 있어서 식욕감퇴제 효과도 누릴 수 있고 포만감도 더 빨리 느낄 수 있다. 보통 페스토 요리는 두 번 먹게 되지 않는다. 맛있지만 한 번으로 족하다. 페스토에는 또 다른 강점이 있다. 동맥을 보호하는 지중해성 음식(마늘과 올리브유가 여기에 해당한다)에 속한다는 점이다. 끝으로 바질은 체내 가스를 줄여줘 소화가 잘 되게 해주고 덕분에 배가 나오지 않는다.

7) 혼합 샐러드

혼합 샐러드를 먹을 때 비타민의 섭취를 최고로 높이려면 푹 삶은 계란과 같은 단백질원을 추가해야 한다. 계란 하나의 칼로리는 대략 85

로서 적은 편이지만 단백질이 풍부하고, 기분 좋게 포만감을 유지하게 해주어 시도 때도 없이 주전부리하는 일은 없게 된다. 계란의 지질은 또 다른 강점을 지니고 있다. 즉 야채 속 산화방지제와 비타민이 몸에 잘 흡수되도록 도와준다. 최근의 연구에서는 이렇게 야채 속 카로틴(보호 영양물이자 산화방지제)이 혈액으로 더 잘 흘러들어간다는 것을 보여주었다. 연구원들은 샐러드 속에 세 개의 계란을 넣으면 흡수되는 카로틴 비율이 3.8배 증가된다는 사실을 밝혀냈다.

*주의 사항 : 계란의 노른자에 들어 있는 콜레스테롤의 양에 주의하라. 노른자를 덜 먹고 흰자를 선호하라고 권하고 싶다.

8) 디저트는 식욕감퇴제

우리가 알고 있는 서양인들이 먹는 디저트(후식)에 대한 오해와 편견은 그들의 풍족함 때문이다.

허기를 막아주는 종결자

생각만 해도 기분 좋아지는 일이다. 식사 전에 디저트를 먹으면 살이 빠진다! 영국 과학 연구팀이 이런 가설을 세우고 쥐에게 먼저 실험을 했다. 그 결과 식사 전에 디저트를 먹이면 포만감이 증가하고 식사 때 먹는 음식물의 총량이 감소한다는 것을 증명해냈다.

식사 전에 디저트를 먹으면 몸에 강력한 신호가 고스란히 전달된다. 글루코키나제는 통상 식사 끝 무렵에 활성화되는 효소인데, 글루코키나제는 당분이 쇄도하면 그 초과분을 간 속에 글리코겐 형태로 비축한다. 그런데 당분의 비율이 너무 낮으면 글루코키나제가 활성화되지 못하고, 이 사실을 뇌로 전달해 면류, 밥, 감자, 디저트와 같은 음식을 더 섭취하게 만든다. 글루코키나제는 뇌에 관여하여 음식물 섭취 충동과 당분 공급을 조절하는 역할을 한다.

보통 디저트는 식사 끝 무렵에 먹는다. 점심이나 저녁의 마지막을 장식한다. 디저트 먹고 나서 소고기, 돼지고기, 생선, 감자튀김, 피자를 다시 먹을 생각은 하지 않을 것이다. 구역질나게 할 뿐이다. 디저트의 당분이 몸에 들어가면 음식물을 그만 섭취하라는 신호가 활성화된다.

식사 전에 디저트를 먹으면 식욕과 포만감 조절 시스템을 속이게 된다. 물론 효과가 있다. 이때 뇌는 식사 끝 무렵과 똑같은 메커니즘을 진행시킨다. 허기가 느껴지지 않을 정도로 먹고 나면 분명히 식사량과 칼로리 섭취를 덜하게 된다. 마치 뇌에 미끼를 던져 식사하는 동안 섭취한 당분의 양이 어느 정도에 도달했다고 믿게 하는 것과 같다. 위에도 압력 수용기가 있어 자극을 받으면 뇌에 포만 상태를 전달한다. 속이 찬 위도 포만감을 느끼게 마련이다. 그렇게 뇌는 식사를 하려고 할 때 식사가 끝났다는 신호를 보내고, 다이어트 덕분에 식욕감퇴제 효과를 유발하는 원리다.

젖 먹을 때의 효과

어머니의 젖가슴을 회상해 보자. 뭔가 풍부하면서도 아늑한 지상의 낙원 말이다. 위안이 되면서도 동시에 뭔가 에로틱하다. 사람들은 거의 대부분 태어나서 처음 접하는 모유의 미각에 지배당한다. 프루스트의 그 유명한 마들렌 케이크처럼 사람들은 기쁨을 준 처음의 감각을 재현하려고 애쓴다. 아주 어렸을 때 발견한 미각은 사람들의 기억 속 아주 깊은 곳에 각인될 만큼 반사적 행동을 프로그램화한다.

모유 성분은 젖을 먹이는 기간 동안에도 조금씩 바뀐다. 초기에는 유당과 같은 당분이 풍부하다. 중기쯤 되면 단백질과 지질이 증가하고, 말기 무렵에는 지질의 농도가 짙어진다. 식사 처음에 디저트를 먹으면 모유 먹을 때의 미각적 반응이 재현된다. 식사를 시작할 때의 단맛은 마음을 진정시켜 준다. 젖을 처음 빨 때 젖먹이 아기들이 차분해지는 것을 관찰해 보자. 식사 초기의 디저트는 배고픈 그 순간에도 충만함을 다시 떠올리게 하고, 음식 섭취를 더 잘 조절하게 해준다.

금단의 열매, 바나나

바나나는 다이어트에서 금단의 열매처럼 잘못 취급되고 있는 것 같다. 그런 통념과 반대로 바나나는 그 성분 덕택에 이로운 음식이라는 사실이 드러났다. 바나나 한 개는 대략 90칼로리여서 적당한 편이다. 바나나에 들어 있는 질긴 녹말(탄수화물)이 장내 음식물 배출에 도움을 준다. 모든 일은 마치 바나나가 다른 음식들이 도달하기 전에 슬며시 소화관을 뒤덮기라도 하듯 일어난다. 바나나는 변비에 좋고 배가 나오지 않게 해준다. 잘 익은 바나나일수록 당분이 더 풍부하다. 바나나에는 섬유질이 포함되어 있고 적절한 포만감을 주기 때문에 식사 처음에 먹으면 아주 이롭다. 바나나 한 개로 식사를 시작하면 위가 가득 찬 느낌이 든다.

그러나 식사 초기의 디저트는 휴식시간이 너무 빨리 끝났을 때와 같이 약간의 불쾌감을 줄 수도 있다. 참고로 미국에서의 한 연구를 보면, 휴대폰 문자를 보낼 때 마침표로 종결하면 받는 사람이 불쾌감을 느낀다고 한다. 반대로 느낌표로 종결하면 진정성을 느낀다고 한다. 식사 초기의 디저트는 마침표와 같다. 그러나 살과의 전쟁에서는 도드라진 역할을 한다.

비만을 잡는 패트리어트 미사일

전에 내가 쓴 『최고의 약은 바로 당신!』을 읽은 독자라면 100% 효과를 발휘하는 다크 초콜릿의 식욕감퇴제 효능을 기억할 것이다. 즉 식욕을 촉진하는 그렐린 호르몬을 줄여준다.

수프 한 스푼에 100% 다크 초콜릿 네 조각을 넣고 전자레인지로 녹인다. 그 다음 이 용액을 바나나 한 개에 골고루 바른다. 당신은 이제 비만에 대항할 수 있는 패트리어트 미사일을 만든 것이다.

9) 쓴맛을 바라보는 시각

요즘은 입에 쓴 음식 찾기가 어려워졌다. 씁쓸한 꽃상추는 단맛이 나게 되었고 샐러드에 쓰는 유채과의 한 식물은 상추에 밀려났으며 커피와 초콜릿은 오히려 감미롭기까지 하다. 음식물의 쓴맛에는 의외의 효능이 있기 때문에 끈기를 갖고 찾아야 한다.

오스트리아 과학자들이 쓴맛 애호가 5백명을 자세히 연구했다. 이들을 살펴본 결과는 매우 놀라웠다. 과학자들은 쓴맛 애호가들이 러시아 고산지대, 즉 더위와 추위가 공존하는 지역에서 수확한 쓴 음료와 음식을 좋아한다는 것을 알아냈다. 이들에게는 쓸데없는 걱정이나 고민을 하는 경향이 있다고 하는데, 즉 사디즘, 마키아벨리즘, 나르시시즘과 같은 성향을 보였다. 그래서 더 이기적이고 공감 능력이 떨어지며 냉정할 것 같다. 반대로 쓴맛을 싫어하는 사람들은 일상생활 속에서 공감을 잘하고 아주 친절할 것 같다.

어떤 과학자가 이런 결과를 설명해보려고 했다. 쓴맛 소비자들은 두려움을 즐긴다. 실제로 쓴맛은 몸에 위험 신호를 먼저 보낸다. 그러면 몸에 해로울 것이라고 여겨 쓴맛이 나는 음식물을 뱉으려 할 것이다. 그 음식물을 삼킨다면 자신이 강하다는 것을 드러내면서 자아도취적인 짜릿한 쾌감을 즐기는 것이다. 상징적으로 위험에 맞서 승리한 셈이다.

쓴 음료나 음식을 먹으면 불필요한 살을 뺄 수 있다. 쓴맛은 동시다발적으로 인체에 작용을 한다. 음식의 맛은 삼킴 반응에 즉각적인 효력을 미친다. 쓴맛이 나는 음식은 더 천천히 삼키도록 작용하게 된다. 단맛이 나는 음식은 정반대여서 빨리 삼키도록 유도하고, 식욕을 자극한다.

삼키는 시간을 늦추면 식욕 억제가 가능해져 식욕감퇴제 효과가 유발된다. 주목할 점은 쓴맛이 단 음식을 먹고 싶은 욕구를 줄여줌으로써 충동을 더 잘 억제할 수 있다는 사실이다. 또 다른 특이점으로 쓴 음식은 소화 효소를 자극하여 활발한 장 활동을 도와주어 배가 나오지 않게 해준다. 또 찬 음식은 뜨거운 음식보다 비교적 더 쓰다.

*쓴맛 나는 슈퍼 푸드 : 상추류, 두릅, 머위, 씀바귀, 고들빼기, 익모초, 엉겅퀴, 민들레, 와인, 커피, 계피 등

10) 반역류 우유

수많은 젖먹이 아기들은 위 역류 문제로 고통을 겪는다. 이 문제가 되풀이되면 장내 음식물 소화불량, 수면 장애 등 여러 증상들을 유발하게 된다.

여러 기업체에서 분유에다 캐롭나무 열매, 쌀과 옥수수 전분과 같은

첨가물을 조합한 반(反)역류 우유를 만들어내기에 이르렀다. 이 기법은 아주 효과적이다. 덕분에 우유가 입으로 역류되지 않고 위 속에 장시간 머물 수 있게 되어 소화가 천천히 이루어지도록 돕는다.

Tips

식욕감퇴제 효과 증대시키기

당신도 반역류 우유를 시험 삼아 먹어보라. 준비하기는 쉽다. 반역류 우유 두 스푼을 물에 붓고 데우면 된다. 이 음료를 먹고 나면 여러 시간 지속되는 식욕감퇴제 효과에 놀라게 될 것이다. 마음이 천천히 가라앉고 진정될 때처럼, 젖먹이들이 느끼는 행복한 포만감을 당신도 느끼게 될 것이다.

원하는 만큼 스푼 양을 늘려도 좋다. 농도가 짙을수록 반역류 우유가 효과를 발휘해 위가 비워지는 기간이 조금 늦춰진다. 여러 음식을 이 음료와 동시에 먹으면 포만감이 한층 더 든다. 계피를 추가하면 이 음료의 효력이 강화되는데, 계피가 소화를 늦추고 포만감을 증가시키기 때문이다.

11) 카페오레의 효능

많은 사람들은 아침식사 후에 소화에 영향을 끼치는 카페오레의 효능에 주목했다. 카페오레는 위 속에 오래 머물면서 음식물을 여러 시간 동안 천천히 소화되게 한다. 이 시간 동안 주전부리를 안 하게 됨으로써 살도 전혀 찌지 않는다. 허기도 안 생겨 어떤 사람들은 점심식사를 건너뛰기도 한다. 이런 현상은 여러 명확한 요인 덕분에 발생한다. 커피의 탄닌 성분은 우유의 카세인 성분을 응고시켜 위 속에서 음식물 입자의 크기를 배가시킨다. 음식물이 위에서 빠져나가 창자로 넘어가려면,

위 아랫 부분의 작은 유문을 통과해야 한다. 음식물이 너무 크면 이 '좁은 통로'를 통과할 수 없다. 그러면 위 속에 있는 음식물은 위벽의 압력 수용기를 자극하게 된다. 덕분에 푸짐한 식사를 한 것처럼 포만감이 생긴다. 위의 효소가 이 큰 입자를 자연스럽게 작게 만들려면 그만큼 많은 소화 시간이 소요된다.

커피와 우유는 따로따로 이런 반응을 일으키지 못하고, 둘이 합쳐져야 자연적이고 생리적인 식욕감퇴제 위력을 발휘할 수 있다.

슈퍼 푸드란?

미국의 영양학자 스티븐 프랫(Steven G. Pratt) 박사가 세계적인 장수 지역인 그리스와 오키나와의 식단에 공통으로 등장하는 먹거리 14가지를 선정하여 섭취를 권장한 건강 식품을 말한다. 〈블루베리, 브로콜리, 단호박, 청국장(발효식품), 케일, 귀리, 오렌지, 연어, 플레인 요구르트, 시금치, 녹차, 대두(호두&아몬드), 토마토, 칠면조〉 그 밖에도 메밀, 콩(두부), 막걸리 등도 슈퍼 푸드로 분류되곤 한다.

살을 빼주는
다이어트 특효약

1) 옥시토신

최근 과학 출판물을 접해보니, 코에 옥시토신을 분사하면 강력한 식욕감퇴 효과가 발생하여 음식물 섭취를 덜하게 된다고 한다.

나는 전문적인 약품에 그다지 관심이 없다. 선택의 여지가 별로 없거나 천연 해결책을 총동원하고도 안 될 경우에는 전문의에게 약을 추천받는 편이다. 그런데 옥시토신은 원하면 얼마든지 만들 수 있고, 게다가 돈도 별로 안 든다!

옥시토신은 뇌 속 시상하부의 뉴런(신경세포)에 전기 자극을 가하게 되면 생성되는 호르몬인데 뇌하수체에 저장된다고 한다. 뇌 속에 존재하는 1,000억 개의 뉴런 중에서 옥시토신을 생성하는 것은 30개뿐이다.

옥시토신은 인체에 여러 가지 역할과 작용을 한다고 하는데 그 중에서 옥시토신은 '배출' 역할을 담당하는 호르몬이다. 아기를 분만할 때 옥시토신은 자궁 수축을 일으켜 분만을 도와준다. 분만 후 모유 분비도 촉진시켜 주며, 또 남성에게는 사정에도 관여한다.

심리학에서 옥시토신은 '사랑의 호르몬'이라 불린다. 옥시토신이 분비되면 애정과 쾌감, 자신감 상승, 스트레스와 불안감 감소, 다른 사람과의 더 좋은 관계를 지속하게 해준다. 또 성질(성격)도 더 온화하고 너그러워지게 할 뿐만 아니라 진통 효과도 있음에 주목하자.

나는 알약 형태의 호르몬을 섭취하는 것보다 몸에서 천연 호르몬 생산을 늘리는 것을 훨씬 더 선호한다. 실제로 우리의 몸은 언제든지 기능이 저하될 수 있다. 만약 필요한 호르몬을 우리 몸에 매일 투여하면 우리 몸은 점차적으로 호르몬 만드는 습관을 상실하고 말 것이다. 천연 생산 기능이 둔화되는 순간, 매일 일정량을 약에 의존하게 될 것이다. 그런 예는 허다하다. 코르티손(부신피질호르몬)을 예로 들어보겠다. 장기간 코르티손을 치료 삼아 사용하다가 중단하면 몸속 천연 코르티손은 절반밖에 생산되지 않는다.

성관계나 자위를 하면 당연히 옥시토신이 분비된다. 애무도 유사한 결과를 낳는다. 독특한 것은 남녀 간에 성관계를 할 때 옥시토신이 아주 빠르게 분비되어 즉시 이로운 효과를 가져다준다는 점이다.

2) 허그라는 식욕감퇴제

그렇다고 옥시토신의 식욕감퇴제 효능을 얻기 위해 매 식사 전에 섹스나 자위를 할 수는 없는 노릇이다. 미국인의 허그가 가장 빠르고 간단한 해결책이다.

허그는 사람들이 서로에게 호의를 갖고 팔로 꽉 안아주는 다정한 포

천연 옥시토신 분비를 일으키고 식욕감퇴 효과를 맛보기 위해서 식사 전에 함께 한 사람끼리 20초간 허그를 해보길 권한다. 20초는 한번 식사할 때 필요한 옥시토신 양을 얻는데 가장 이상적인 시간이다. 아마 그 효과에 깜짝 놀라게 될 것이다. 허그로 분비된 옥시토신은 불안감을 낮춰 주고 식욕을 억제시켜줄 뿐더러 일상생활에서 필수적인 평온함을 더 잘 유지시켜 준다.

옹 행위이다. 팔은 상대의 목 주변이나 등에 놓이게 되므로 몸으로 친밀감을 주고받을 수 있다. 허그는 공생과 우정, 때로는 사랑의 몸짓이다. 또 몸의 온기를 전하고 행복을 공유하는 매개체다. 허그를 하면 고독감이 잦아들고 친절하게 서로 소통할 수 있게 된다. 허그는 스트레스, 심장박동 수를 줄여주고 혈압을 낮추는 데 기여한다고 과학 연구는 전하고 있다. 효과가 무척이나 좋아서 미국에서는 허그데이(1월 21일)를 지정해 놓고 있다. (우리나라는 12월 14일이다.)

기독교 가정에서는 먼저 기도를 행하고 식사를 한다. 허그를 하는 것도 식탁에 음식을 차리는 순간과 먹기 시작하는 순간 사이에 소중한 멈춤 시간을 갖는 또 다른 방식이 될 수 있다. 이 시간은 아주 중요한 순간이다. 음식물 섭취 충동을 제어하는 연습을 할 수 있기 때문이다.

동물들을 보라. 밥그릇이 채워지자마자 먹이로 곧바로 달려든다. 물론 당신은 동물이 아니다. 동물처럼 하지 않을 것이다. 식사를 준비한 사람과 당신 몸에 대한 예의가 아니기 때문이다.

잠시라도 기다리는 시간을 가져라. 손을 거두고 음식물과 당신 사이에 일차적인 거리를 설정할 수 있을 것이다. 이렇게 하면 진정한 기쁨이 결핍된 기계적인 식사행위를 삼가게 됨으로써 급하게 음식을 먹는 습관은 이제부터 점차 사라지게 될 것이다.

단식의 효과와 문제점

많은 사람들이 체중감량을 위해 식이조절 요법으로 1일 1식, 간헐적 단식, 원푸드 다이어트 등으로 굶으면서 다이어트를 하고 있다. 이런 다이어트의 문제점은 폭식 및 과식을 유발해 지방을 몸에 쌓아두는 체질로 변하게 하기 때문에 권장하지 않는 방법 중의 한 가지이다.

특히 간헐적 다이어트는 장기간 실천하기 어려울뿐더러 체중감량 효과 또한 일시적이기 때문에 처음에는 효과가 있는 듯 보이지만 곧 원상복귀 되는 요요현상이 나타나기 마련이다.

당신 몸의 주체적인 관리자가 되라

*치명적인 다이어트의 덫과 함정을 극복하라

당신은 칼로리로 넘쳐날 때의 상황을 잘 파악하고 있을 것이다. 식사 한 끼에 거의 일주일 치의 칼로리를 섭취하기도 한다. 그러고 나서 소화불량으로 힘든 밤을 보낸다. 덥거나 갈증이 나서 여러 번 잠에서 깰 것이다. 이튿날 아침에 몸이 피로하고 답답함을 느끼게 되는데, 저울 위에 서면 참담하게 늘어난 체중에 경악하기까지 한다. 늘어난 체중을 원상복구하려면 다시 눈물 나는 노력을 해야 한다.

우리 주변에는 각종 다이어트 관련 건강식품으로 넘쳐난다. 가령, 양배추, 토마토, 닭가슴살, 사과 등 원푸드 다이어트가 유행하고 있지만 영양의 불균형과 사람마다 약간의 부작용이 생길 수 있다는 점에 유의하도록 하자.

우선적으로 생리적 욕구를 극복하지 못한다면 다이어트의 덫에서 결코 해방될 수 없을 것이다. 따라서 식생활 습관을 조절하거나 개선할 수 있는 다이어트와 관련된 소소한 것들을 체크해 보자.

당신 몸의 주체적인 관리자는 바로 당신임을 한시라도 잊지 말자! 여러 가지 요소들이 관여하고 개입함으로써 당신을 불안정하게 만들어서, 당신으로 하여금 상황 조절을 못하는 지독한 칼로리 악순환 속에 들어가게 만들 것이다. 여러 함정을 잘 파악하고 미리 대처하여 그 안으로 빠져 들어가는 일이 없도록 하자.

1) 소리 때문에 살찔 수 없는 노릇

우리가 살을 빼기 위해 활용할 수 있는 수단은 다 써봐야 한다. '기적의 해결책'이라는 것은 어디에도 없다. 그러니 균형 잡힌 영양섭취를 하기 위해서는 우선 다양한 방법을 써보자. 저울의 바늘을 긍정적인 정도만큼만 기울어지게 할 수 있는 기법은 자신의 주변을 둘러보기만 해도 실로 다양하다.

이런 와중에 과학자들은 소리와 체중 조절 사이에 긴밀한 관계가 있음을 밝혀냈다. 첫 번째로 부엌에서 나는 소리(음식 냄새는 무시하고), 즉 고기 볶는 소리, 양파 굽는 소리, 팝콘 튀기는 소리 따위는 군침을 돌게 한다. 과학자들은 이런 소리를 헤드폰으로 들은 임상실험 대상자들의 식욕이 강해진다는 사실을 발견했다. 사실 요리하고 있는 튀김용 프라이팬 옆에서 식사하는 것은 금물이다. 괜히 청각을 자극해서 득이 될 것은 없다.

두 번째로 주목해야 할 사실은 음악을 듣거나 TV를 보면서 점심이나 저녁을 먹으면 식사 중에 먹게 되는 음식물의 양이 두드러질 정도로 증가한다. 실제 연구에서는 대상자들이 브레첼(매듭형태의 과자)을 원하는 만큼 먹을 수 있게 했다. 그랬더니 헤드폰으로 음악을 들은 대상자들은 평균 4개를, 조용한 장소에 있는 대상자들은 평균 2.75개를 먹었다.

과학자들은 사람들이 상대의 씹는 소리를 듣는 것이 식욕을 돋우는 역할을 하여 오히려 지나치게 섭취한다는 점에 주목했다. 그런데 당신과 몸을 부딪쳐서 당신의 주의력을 따돌리고 지갑을 훔치려는 소매치기의 경우처럼 음악, 라디오, TV가 있으면 그 소리에 집중하게 되어 자신이 지금 무언가 먹고 있다는 것을 더 이상 생각하지 않게 된다. 그냥 무의식적으로 삼키게 되는 것이다. 식욕을 제어하는 시스템이 멈춰 버린 것이다. 위벽에 있는 압력 수용기들이 칼로리를 과도하게 섭취한 후에야 반응을 보인다. 소리 때문에 벌어진 일이다.

2) 죽음의 술잔, 아페리티프

조금 특별한 날이면 사람들은 한없이 이어지는 아페리티프(식욕을 돋우기 위해 식전에 마시는 술)가 펼쳐지는 장면을 연상하게 된다. 덕분에 늦게 식탁으로 가게 될 거라는 것도 저절로 알게 된다. 한참이 지나 당신은 더 이상 참지 못할 지경에 이르렀다. 배고파 죽을 지경이다. 무슨 음식에든 대들 기세다. 당신이 무언가를 집어먹게 되는 순간 사건이 터지고 만다. 비스킷, 짭짤한 땅콩, 소시지가 당신의 갈증과 허기에 불을 붙인다. 술잔을 기울이지만 갈증은 해소되지 않는다. 계속 술을 마셔댈 테고 몸에 칼로리만 잔뜩 쌓일 것이다. 이제 당신은 악순환 속에 빠지고 만다. 이내 알코올은 당신 내면의 장벽을 무너뜨리고 말 것이다. 당신은 몸에 도움이 되지 않는 음식물을 포함해 술의 유혹에 쉽게 넘어간다. 일종의 자아도취에 빠져 당신은 무엇이든 입속에 집어넣게 된다.

미리 준비하면 그야말로 안심보험

어떤 식사초대에 응하기로 했다면 가서 어떻게 대처할지를 염두에 둘 필요가 있다. 출발하기 전에 큰 컵으로 물 2잔을 마셔둔다. 알코올음료를 찾을까 염려되어서다. 특히 조리하지 않은 아보카도 1개, 계란 흰자위 3개와 같은 가벼운 음식을 먹어둔다. 이렇게 하면 저녁 만찬에 차분하고 긴장이 풀린 상태로, 진짜 꼭 먹고 싶은 것만 선택하겠다는 자신감을 지니고 참석할 수 있을 것이다. 또 당신이 차분히 상황을 파악하는 동안 다른 사람들이 '걸신들린 듯 먹어대는' 모습을 볼 때의 미묘한 느낌도 맛볼 수 있을 것이며, 이 순간에 당신 자신이 정복당하지 않았다는 만족감도 누리게 될 것이며, 결국엔 당신의 인내심을 존경하는 다른 사람들의 시선도 즐길 수 있을 것이다.

3) 독이 되는 음식접대

부탁하지도 않은 음식접대를 받는 것에 대해 조금 신경을 쓰자. 누군가가 당신이 몹시 싫어하는 요리를 차려주겠다고 고집을 피우면, 당신은 상대가 혹시라도 마음 아파할까봐 억지로 참고 먹어야겠다고 생각할 지도 모른다.

이럴 때는 침착하고 단호하게 "고맙지만 사양하겠습니다."라고 말할 수 있어야 한다. 혹은 주저 없이 "나는 당신을 무척 좋아하지만 이 음식은 정말 싫어합니다."라고 말하도록 하자. 그렇게 하더라도 별일 없이 잘 지나갈 것이다. 이렇게 정중하고 자연스럽게, 무익한데도 불구하고 당신이 좋아하지도 않은 칼로리로 범벅이 된 음식을 먹을 의무에서 벗어날 수 있다.

4) 풀 세트 메뉴일 경우

어떤 경우에는 쏠쏠한 재미를 보려다 오히려 낭패를 볼 때가 있을 것이다. 당신은 종종 풀 세트 메뉴이면서 비교적 저렴한 메뉴를 선택하곤 한다. 평소 같으면 커피 한 잔으로 식사를 마무리하겠지만 이러한 메뉴에는 디저트가 포함되어 있으므로 모처럼의 기회를 놓치지 않고 또 돈도 아끼는 차원에서 당신은 디저트를 먹으려 할 것이다.

이럴 땐 어떻게 대처하면 좋을까? 실은 그렇게 좋아하지도 않고 마음속으로 별로 먹을 생각이 없는 디저트나 요리의 가격을 산정해 보자. 디저트는 대략 8천원 정도 할 것이다. 생각해 보라. "내 건강이 고작 8천원의 가치밖에 안 되는 건가?" 이보다 훨씬 많은 것을 연상할 수도 있다. 당신은 무의미한 디저트를 먹지 않았기 때문에, 혹은 디저트를 포기했다는 의지력 때문에 스스로를 자랑스러워할지도 모르겠다. 누구나 돈에 크게 흔들리지 않는다면 자유로워질 수 있다. 마지막 조언 한 가지를 덧붙이자면 디저트를 거부하고 대신 차나 커피를 주문하자. 눈치를 보지 않고도 계속 식탁에 머물 수 있을 것이다.

5) 요요 현상 피하기

다이어트로 야위기만을 바라면서 일생을 살아간다면 결국 자신을 망치고 말 것이다. 특히 여성의 경우 다이어트에 실패하면 자존감이 크게 상처를 받을 수도 있다. 매번 요요 현상이 일어날 때마다 의기소침한 상태가 극심해질 것이고, 이러한 악순환이 끝없이 되풀이되다가 자신감을 잃게 되고 말 것이다.

다이어트(음식 조절)에 실패하면 다른 사람들에게 자신이 너무 무기력하고 체중감량 능력이 없다는 것을 보여주는 셈도 된다. 이런 상태는 건강에 좋지도 않을뿐더러 자괴감이 오래 지속될 수도 있다. 삶에 있어서 우울한 일이 아닐 수 없다.

계속 '섭식 장애'(음식물에 대한 탐욕이 생겨나는 충동; 폭식, 거식증)가 커져 죄의식과 불안 증세도 동반된다. 지방과 당분이 듬뿍 들어간 음식을 섭취하면서 무덤덤하게 몸과 자존감을 동시에 해치게 된다. 원하는 체중을 지속적으로 유지하려면 다르게 처신해야 한다. 사람들은 머릿속이 텅 비어 있거나 위 속이 싹 비어 있으면 어떤 것을 동원해서라도 무언가를 채우려고 한다.

무언가를 성취하려면 과거를 회상해 보아야 한다. 체중에 관한 당신 기억 속에 모든 해답이 들어 있다. 무엇을 해야 할지 무엇을 하지 말아야 할지 파악할 수 있을 뿐만 아니라 실수한 것이 무엇인지, 어떤 거짓된 약속을 했는지, 무모한 목표를 설정하지 않았는지, 그럴듯한 핑계로 회피하지 않았는지… 따위조차도 충분히 이해할 수 있을 것이다.

칼로리에 대항하는 훈련

당신에게 많은 도움이 될 훈련 한 가지를 추천하겠다.

매주 연필과 종이를 준비해서, 강렬하고도 잊지 못할 쾌감을 가져다줄 음식들을 본인이 제일 좋아하는 순서대로 적어 보길 바란다. 가능하면 이 음식들을 선택한 이유를 몇 줄로 설명해 보자. 곧 알게 되겠지만 대체로 종이에는 합당한 이유가 거의 쓰여 있지 않을 것이다. 이걸로 쓸데없이 몇 킬로그램이 쪄 있는 상태인지 설명이 될 테니까!

6) 3분 기다려 살빼기

가족이 식탁에 둘러 앉아 식사를 하기 직전, 3분 동안 명상의 시간을 갖는다면 다이어트 효과를 누릴 수 있다. 요즘 사람들은 현재라는 순간을 강렬하게 느끼기 위해, 명상과 더불어 '바깥 세계와 차단된 장소에서 혼자 있기'의 여러 효과를 언급하곤 한다. 나는 세상 이치대로 살면 삶의 의욕이 더 생기고 더 행복해지는 것처럼 일상생활에서 얼마든지 실행할 수 있는 명상을 선호한다.

오늘날 선진국에서의 건강 문제는 대부분 영양과다와 체중초과에서 비롯된다. 우리 몸은 당장 영양분을 더 필요로 하지 않는데, 정작 먹기 시작할 때에는 인위적인 허기를 만들어내는 메커니즘이 작동해 쓸데없이 과식을 하게 된다.

편안하게 3분을 기다리면 당신의 뇌가 이런 상황에서 다시 주인 노릇을 하게 된다. 포만 상태, 기쁨, 허기에 관여하는 호르몬들이 뇌에서 분비된다는 사실을 기억해 두자. 3분을 기다리면 뇌가 음식물을 적절하게 섭취하도록 조절해주고 당신의 몸, 건강, 기쁨에 대하여 최선의 선택을 하는 능력을 지니게 해준다.

Tips

3분 스톱워치

본격적인 식사를 하려고 포크 들기 전 3분간의 멈춤(기다림)! 우선 접시 안에 무엇이 들어 있는지 살핀다. 경우에 따라서는 시험 삼아 음식이 드러나 보이도록 뿌려져 있는 소스를 긁어댈 수도 있다. 음식 냄새도 맡아본다. 그래도 이 상황의 주인공으로 복귀해야 하므로 음식과 적절한 거리를 유지한다. 접시에 담긴 음식이 당신 몸에 이로울지 아닐지 생각해 보고, 또 당신이 별로 좋아하지 않고 칼로리도 높아서 빼버릴 음식이 있는지도 살핀다. 당신이 진짜로 배가 고픈지 아닌지도 자문해본다. 이것은 중요하다. 배고프지 않은 데도 먹으면 부질없는 짓이다.

이렇게 3분을 기다리면 기쁨은 커지고 체중은 줄어들 것이다.

7) 처음 한입의 미학

첫술은 미각을 북돋우는 결정적인 순간이다. 식사를 할 때 처음 한입은 날계란 하나를 깨서 꿀꺽 삼킬 때처럼 먹지 마라. 음식 평론가들이 평가를 내기 위해 그러는 것처럼 맛의 미묘한 차이를 분석하기 위해서는 시간이 필요하다. 다양한 맛, 온도, 구성, 음식의 조화를 알 수 있는 법을 배운다면 체중 조절을 하려는 당사자도 음식을 먹는 즐거움을 한층 배가시킬 수 있다. 또 병에 걸리지 않는 효과적인 수단이 될 수도 있다. 어떤 음식에서 이상한 맛이 나면 신선하지 않은 재료가 들어간 것이고, 그렇다면 주저할 필요 없이 그 음식을 뱉어버리면 그만이다. 당신의 직관을 믿으면 효과적인 대비책이 될 수 있다.

8) 뷔페에서 오래 견디기

누구나 뷔페에 갔다 오면 살찌기 마련이다. 모든 음식이 탐스럽다. 사람들은 후하게 음식을 덜어먹음으로써 당신도 따라오게끔 유혹한다. 참기가 힘들다. 식탁에서는 대화를 이어가기도 버겁다. 사람들이 새로 음식을 담아오려고 수시로 일어서기 때문이다. 굳이 대화를 하거나 시간을 낭비할 것도 없이, 가장자리까지 가득 찬 접시들이 수도 없이 오고 가는 속도는 더디기만 하다. 음식과 음식 사이에 기다림이라는 것은 전혀 없다. 모든 음식을 먹어봐야 하기 때문이다. 모두가 마라톤 선수다. 구성원들의 리듬을 따라가느라 어쩔 수 없이 빨리 많이 먹을 수밖에 없다. 집단의 행보가 당신의 자유 의지를 앞선다. 이런 자리야말로 칼로리 대홍수 위험 지역이다. 당신이 섭취한 엄청난 양의 칼로리를 의식조차 못한다. 뷔페에서 한 끼의 식사로 당신은 일주일 치 칼로리를 섭취할 수도 있다. 우리 몸의 위는 평소 부피의 50배까지 팽창되어 4리터까지 채울 수 있는 주머니가 된다. 위가 그렇다.

세뇌

뷔페처럼 엄청나게 푸짐한 식사를 할 때 맛있게 먹은 음식을 떠올려 보려고 한다면 생각이 잘 나지 않을 것이다. 뷔페는 양으로 승부하지 질과 세련됨하고는 거리가 멀기 일쑤다. 어떻게 고기나 생선을 정확한 온도에서 완벽하게 구워 내놓을 수 있겠는가? 불가능하다. 실제로 당신은 기억도 나지 않겠지만 엄청난 양을 섭취했다.

밤은 지나가고 전날의 어리석은 무절제는 금방 잊혀진다. 밤잠을 이루면서 면죄부를 받은 셈이다. 다음날 당신은 모든 것을 잊은 채 또 다른 뷔페에서도 똑같은 방식으로 처신할 것이다. 매번 그 다음날 아침, 체중계 앞에서 실망하게 되는 자가당착의 함정에 빠지지 않으려면 다르게 행동하길 권한다.

일본인 관광객처럼 해보기

레스토랑에 있는 일본인 관광객을 잘 살펴보라. 요리가 나오면 이들은 우선 사진부터 찍는다. 요리 모양새가 망가지기 전에 그 모습을 오래오래 간직하려는 것이다. 곧 없어질 이 순간을 사진으로 꼭 기록하려는 것이다.

이렇게 하면 자신이 먹을 양을 자동으로 체크하게 됨으로써 다소 적게 먹게 된다.

찰칵, 사진찍기의 개이득

뷔페에 갈 때 당신이 먹을 요리의 사진을 한 장씩 찍어두자. 다음 요리를 찍기 전에 식사 초반부터 찍은 사진들을 보겠다고 약속하자. 뷔페에서의 무절제 충동에서 자신을 보호하기 위해 강력한 억제책을 발동시키는 것이다. 생리학적 관점에서 이 훈련은 감정, 기억을 담당하는 대뇌 변연계를 활성화시킨다. 사진으로 인식해 두면 힘든 상황을 잘 제어할 수 있다. 마치 당신 자신이 먹는 것을 지켜보고 있는 것과 같다. 당신이 증인이 되어 모든 것을 바꿔줄 것이다. 나는 이것을 '화장실 법칙'이라 부른다, 화장실 세면대 앞에 서면 웬만한 사람들은 자기 손을 두 번 더 씻는다고 어떤 과학연구 논문에서 밝힌 적이 있다. 다른 사람의 시선이 상황을 재설정해주는 것이다.

상당수 사람들이 집에서 항상 오픈 바에 있는 것처럼 행동하고, 일부 사람들은 매일매일 냉장고와 찬장에 있는 음식을 이용해 뷔페처럼 차려먹는다. 점점 시간은 없고 집에서는 24시간 내내 자유로이 지낼 수 있기 때문이다. 이럴 때 사진을 찍어 정리를 했다가 나중에 보면, 당신의 무절제한 음식 섭취 장면에 당신은 아마도 경악하게 될 것이다. 당신의 일탈에 제동을 거는 셈이다.

이 방법은 적어도 한 달은 실행해야 효과를 발휘할 수 있다. 이런 사진들은 광고 캠페인 같은 기능을 한다. 스팟광고(프로그램 진행 도중에 하는 짧은 광고)를 자세히 살펴보자. 방송 도중 광고는 끊임없이 되풀이되어, 덕분에 사람들 뇌리에 잘 기억되고 상품 구매 반응이 촉진된다고 한다. 광고를 계속 보다보면 당신도 모르게 넘어가게 된다. 광고는 상품이 매장 진열대에 전시되기도 전에 당신의 반응을 변화시킨다.

식사 때마다 이 사진들을 찍고 되풀이한다면 당신도 곧 똑같은 법칙을 활용할 수 있을 것이다. 차이점이 딱 하나 있다. 상품을 매장에 진열해 판매하려면 아주 많은 돈이 들지만 당신은 돈 들 일이 별로 없다는 것이다!

실제로 매일 아침 첫 식사 전에, 전날 찍은 식사 사진 전부를 다시 보라. 눈을 떼지 못할 것이다. 당신이 먹은 음식 총량을 눈으로 보게 되면 구역질이 나게 될 것이다. 기억이 활성화되어 점차 강하게 뇌에 새로운 반응을 일으켜 식욕 억제책이 발동될 것이다. 앞으로는 무턱대고 먹어대지 않고 즐거울 정도만 먹게 될 것이다.

구역질
기법

이 기법은 집에서 혼자 해보기를 부탁한다.

(주의 : 이 기법은 가벼운 섭식장애에 걸린 사람들에게 권한다. 병적인 허기증에 걸린 사람은 전문의의 도움을 받아 치료받기를 바란다.)

당신은 분명 화장실에서 큰 볼일을 볼 때 변기에서 심한 악취가 나고 가스가 나오는 경험이 있을 것이다. 불쾌하기 짝이 없지만 조금씩 익숙해졌을 것이다. 조금 더 지나면 아무런 냄새도 나지 않았을 것이다. 어쩌다 물을 내리지 않고 화장실에서 나온 후 3분 있다가 다시 들어가면 역한 냄새에 다시 구역질이 났을 것이다. 당신은 이 악취의 원인 제공자가 당신이 아니라는 생각도 들었을 것이다. 이 악취는 이미 당신의 자취를 상실했다. 이 현상을 잘 살펴보자.

상상해 보자. 당신은 이제 식탁에 앉았고 아주 배가 고파서 칼로리를 엄청나게 섭취할 수 있을 정도다. 눈앞에는 푸짐한 감자튀김과 찍어 먹을 마요네즈가 있다. 당신은 브레이크도 없이 달릴 준비가 되어 있는 자동차와 같다. 지방 가득하고 맛도 좋은 감자튀김 300그램은 1,500칼로리다.

Tips

하나, 둘, 셋, 시작!

마요네즈 뿌린 푸짐한 감자튀김을 포크로 찍어 한입 넣는다. 평소보다 조금 더 많이 씹는다.(여덟번 정도) 절대로 삼키지 말고, 입안에 있는 내용물을 뱉어라. 잠시 기다려서 내용물을 식힌다. 그런 다음 이 뱉은 것을 다시 입에 넣어보라. 불쾌하고 역겨울 것이다. 이제 삼켜라. 드디어 더 이상은 무절제한 음식물 섭취의 노예가 되지 않도록 예방접종을 한 셈이다. 이제 감자튀김을 먹고 싶은 욕구는 전혀 안 들 것이다. 그렇지 않겠는가? 식중독에 걸려서 아플 때와 같다. 다음날부터는 간단한 음식이 먹고 싶어질 것이다. 점심으로 약간의 샐러드만 있어도 행복할 것이다.

실제로 구역질 기법을 활용하면 강력한 뇌 반응을 일으켜 충분할 만큼 식욕감퇴제 효과를 얻을 수 있다. 무엇보다도 이 기법의 첫 번째 위력은 대뇌변연계를 활성화시켜 특정 상황에 처했을 경우에 기억력을 유발시켜 좋지 못한 감정을 품게 한다. 당신은 이 경험을 절대로 잊지 못할 것이다. 이 기법의 두 번째 위력은 시각적 충격에 있다. 당신이 그렇게도 좋아하는 아이스크림이 녹아서 액체가 되어버리면 먹고 싶은 생각이 전혀 안 나는 것과 같은 이치다. 입안에 들어간 마요네즈 뿌린 감자튀김이 잠시 후에 변해 버린 모습을 보게 되면, 변하기 전의 원래 감자튀김은 다시 쳐다보지도 않을 것이다. 이 기법의 세 번째 위력은 뇌에 작은 자극을 주어 혐오감을 깊게 심어준다는 점이다. 당신에게 식중독을 일으킨 요리로 인하여 구역질이 나고 예방접종 맞은 때를 회상해 보자. 누군가가 이 요리를 제안할 때마다 안 좋은 기억을 떠올리게 될 것이다. '한입 구역질 기법'이 이러한 메커니즘을 활성화시켜 비로소 당신은 식탁에서 자유를 되찾고, 실제로 즐거움을 되찾고 몸에도 좋은 음식만을 먹게 될 것이다. 당신이 중독되어 있고 점점 건강에 해를 끼치고 있는 어떤 음식에든 이 기법을 적용할 수 있다.

이 기법은 아주 힘들다. 그렇지만 비만증이 심하면 때때로 특단의 조치로 매우 유용하다. 모든 조치가 실패로 끝나고 건강상 심각한 상황일 때에는 위 크기를 줄이는 외과수술까지 고려할 수도 있다. 이 수술에는 전문 의료진이 참여한다. 나중에 환자는 소량의 식사만 할 수 있을 것이다. 위 절제와 같은 극단의 치료 수단을 사용할 바에, 주저하지 말고 과도한 살을 빼기 위해 언제나 가능한 모든 자연요법을 이용하자. 당신의 인생이 걸린 문제다.

Tips

강화 수단으로 입 가리기 연습

손을 사용해 한입 구역질 기법을 강화할 수 있다. 우선 식탁에 혼자 앉아 식사를 한다. 일단 요리를 앞에 놓고, 토하러 갈 때처럼 왼손으로 입을 가린다. 식사하는 내내 왼손으로 입을 가리고, 머리는 접시 바로 위에 있게 한다. 사람들은 보통 토하러 화장실에 가면 이런 자세로 화장실 변기에 얼굴을 갖다 댄다. 식탁에서 같은 몸짓을 하는 것이다. 이런 자세로 먹으면 과거 구토할 때의 불쾌한 기억이 머리에 자연스럽게 떠오르게 될 것이다. 이 기억이 구토증을 자극해 시도 때도 없이 음식을 먹어대는 일이 없게 해줄 것이다.

노예가 되다시피 한, 통제할 수 없을 정도의 음식물 섭취 충동(섭식 장애)을 없애기 위한 이 두 가지 기법은 중독치료 요법과 상응한다. 알코올 중독 환자에게 처방된 약이 기능하는 방식도 이런 기법과 같다. 치료약을 먹은 환자는 술잔을 대할 때 강한 혐오감을 느낀다. 덕분에 술을 절제하게 되는 것이다.

독을 제거하는
조커음식

수많은 음식에는 갖가지 질병으로부터 우리 몸을 보호하고 자연스럽게 치료해 주는 효능이 들어 있다. 건강에 소중한 조력자가 되어주는 것이다. 반드시 이 음식들을 최우선으로 사용해야 하는 것은 아니지만 진정한 버팀목이 되어주는 게 사실이다. 거의 대부분의 경우에 정확한 용량과 적합한 빈도수로 섭취할 줄 알아야 효과를 맛본다.

절제는 필수적이다. 억지로 소화시키려는 노력보다 다른 일에 에너지를 사용하는 것이 더 바람직하다. 소화시키느라 당신의 몸을 과도하게 사용하지 않도록 하라. 너무 푸짐한 식사를 하고 나서 피로해지지는 않았는지 생각해 보자. 아마도 이 음식들을 요리하고 먹느라 소모된 많은 에너지가 아까울 것이다. 식탁에 앉을 때 배가 고프다고 바로 의무적으로 또는 습관적으로 먹지는 마라. 그 대신 당신의 몸을 사랑하고, 천천히 시간을 들여서 몸에 좋은 것들을 넣어주자.

우리가 먹는 것들이 몸을 건강하게 만들고 또 건강에 실질적 효과를 발휘한다. 어떤 음식은 몸을 보호하고, 다른 어떤 음식은 우리에게 해를 끼치고 직접적으로 수명을 위협하기도 한다. 전반적으로 어떤 것이 도움이 되는지, 혹은 그렇지 않은지 알고 있지만, 이런 지식은 일상생활에서 활용하기 어려울 때가 많다.

이런 어려움을 극복하기 위해, 나는 우리 몸의 기능을 저하시키고 아무 생각 없이 너무도 자주 먹는 음식물의 독성을 막아줄 능력이 있는 제품 목록을 작성하기를 권장한다. 매일 무공해 식품을 먹고 인증된 먹거리를 찾아내는 것은 쉬운 일이 아니다. 살충제와 독성 성분은 이미 우리 주변에 널려 있다. 주방에 있는 식료품과 음식에서 그런 성분들을 쉽게 발견할 수 있다. 물론 소량이지만 매일 먹으면 우리 몸에 축적된다. 그렇게 축적이 진행되면 암, 신경 퇴행성 질병, 불임 등을 유발할 수 있는 분량까지 도달할 수 있다.

이러한 독성 성분을 저지하기 위해 '조커 음식'의 힘을 빌려보자. 그러면 어느 날 위험한 질병의 발병 문턱에까지 도달하게 할 독성 성분의 점진적인 체내 축적을 피할 수 있다. 자기 몸에게 도움이 되도록 먹어야 한다. 우리가 먹는 음식이 몸의 세포, 근육, 기관을 구성한다. 우리 몸에 최고의 영양소를 선사해 건강하고 튼튼해지도록 하자.

Tips

전문가들의 표본 조커음식

머리카락이나 손톱, 발톱 표본을 조사하면 일생 동안 체내에 축적된 독성 성분 함유량을 알 수 있다. 예를 들어 참치나 연어를 즐겨 섭취했다면 머리카락 한 올을 분석하는 것으로 오랜 세월 축적된 중금속의 양을 측정할 수 있다. 당신 주치의와 상관없이 당신 몸에 축적된 납, 카드뮴, 수은의 비율을 알면 당신의 식습관을 변화시킬 소중한 정보를 얻은 셈이 된다.

지방이 가득한 생선에는 몸에 유용한 오메가 3가 함유되어 있는데, 오메가 3는 심혈관 질환을 예방해 준다. 호두, 아몬드, 개암 열매와 같은 자연 음식에도 풍부하고, 콩기름, 호두 기름으로 섭취해도 좋다. 고등어처럼 오메가 3가 풍부하면서 중금속이 적은 생선도 즐겨 먹자.

살아오면서 체내에 축적된 독성 성분과 살충제 성분을 줄여나가기 위해서는 일종의 '생존 계획표'가 필수적이다. 점점 더 오래 사는 시대가 되었기 때문에, 몸에 해로운 성분이 우리 몸에 축적되어 병을 일으킬 시간도 늘어났다. 굳이 삶의 방식을 바꾸지 않고도 식탁에서 즐거움을 계속 맛보려면, 이런 독성 성분의 쇄도에도 끄떡없는 몇 가지 대응 수단을 마련해야 한다.

*조커음식 : 사과, 쿠키, 당근, 감자, 케이크, 샥스핀, 해파리무침, 북어국, 피자, 양념치킨, 피스타치오, 호두 등

카드뮴

*위험하니 주의할 것!

카드뮴은 암을 일으키는 독성을 지닌 것으로 유명하다. 납이나 수은과 같은 금속은 우리 건강에 해로운 독성을 지니고 있다. 비료 속에서도 검출되고 버섯이나 시금치와 같은 채소에서도 검출된다. 동물의 간이나 콩팥에도 카드뮴 성분이 쉽게 검출된다. 간이나 콩팥은 동물들이 먹어댄 찌꺼기들을 걸러낸다. 구멍이 세밀한 일반 여과기가 구멍보다 큰 알갱이들을 걸러내는 것처럼 간이나 콩팥이 독성 성분을 걸러내 체내에 축적시키게 된다. 우리가 이런 음식을 먹으면 동물들이 한평생 축적시킨 독성 성분을 한꺼번에 먹게 되는 꼴이다.

*카드뮴 중독 : 오염된 농산물, 폐수, 대게, 낙지 등의 섭취를 통하여 가드뮴 중독이 이루어지면 이타이이타이병에 걸리게 된다.

고환을 보호하기 위해서 대추야자 열매를 섭취하라!

2013년에야 처음 연구됐는데 아주 흥미롭다. 물론 보완작업을 통해 확인되었다. 과학자들은 대추야자 열매를 규칙적으로 섭취하면 고환에 끼치는 카드뮴 독성 효과를 막을 수 있다는 사실을 증명했다. 어떤 메커니즘을 통해 이루어지는 것인지는 아직 알려지지 않았다. 과학자들은 산화방지제의 활성화나 특이한 내분비 반응에 주목하고 있다. 또는 대추야자 열매에 풍부한 섬유질도 관심 대상인데, 변비에 효과가 좋기 때문이다.

천연
항암식품

1) 매일 몸속을 씻어주는 장 청소용 '천연세척제'

항암식품들은 공통점이 하나 있다. 바로 섬유질이 풍부하다는 점이다. 질이 좋고 양이 많을수록 더욱 효과가 크다. 브로콜리와 같은 상당수 야채와 과일이 항암식품의 우선순위에 꼽힌다. 섬유질은 창자 속을 뒤덮어서 독성 성분에 맞서는 천연 보호막을 만들어낸다. 일종의 천연 해독제다. 섬유질은 꾸불꾸불한 장의 흐름에 따라 음식물이 원활하게 지나가도록 도와준다. 몸속에 용해되든 용해되지 않든 상당수의 섬유질은 소화기관을 청소하는 역할을 담당하여 대장의 일부인 결장이 더 효과적으로 기능하도록 도와준다.

또 다른 섬유질은 장내 박테리아를 더 자연스럽게 조절하는 기능도 하는데, 박테리아가 조화롭고 균형 있게 존재하는 것이 건강에는 필수적이다. 또 배를 부풀게 하는 가스 형성도 억제해주고, 음식물이 결장에서 부패되는 일도 줄여주는데 덕분에 발암성 물질이 생성되는 요인을 원천적으로 없애준다. 건강한 섬유질은 매일매일 장 내부를 깨끗이 씻어주는 일종의 '세척제'다.

음식물마다 섬유질의 질과 양은 제각각이다. 섬유질이 풍부한 음식 섭취를 통해 섬유질의 이점을 최대한 활용하여 앞으로의 삶을 건강하게 유지하도록 하자.

2) 아보카도 : 장 진통제

건강에 이로운 아보카도 효과의 가장 놀라운 연구 결과는 전통식 버거와 관련된 것이다. 아보카도는 어떤 면에서는 버거와 전혀 어울리지 않는다. 인터루킨 6(항체)는 우리 몸의 염증 표지다. 연구자들은 아보카드 없는 버거와 아보카도가 든 버거를 먹는 실험을 서로 비교해 보았다. 아보카도가 든 버거를 먹은 사람들은 인터루킨 6 표지가 40% 증가했고, 아보카드 없는 버거를 먹은 사람들은 70% 증가했다.

이건 정말 중요한 발견이다. 아보카도를 섭취하면 염증 현상을 줄여주는데, 이러한 연구 결과는 건강과 관련해 의미심장한 성과가 아닐 수 없다. 아보카도가 소방관과 보호자 역할을 동시에 한 셈이다. 이렇게 부분적으로 독성 성분의 유해 작용을 막아줄 것이다. 사람 몸에서 염증이 되풀이되면 질병에 걸리기 쉽고 그런 질병 중에 어떤 것은 목숨이 걸린 문제가 될 수도 있다. 염증은 소홀히 다루어서는 안 될 위험한 요소다. 한편 아보카도는 혈중 트리글리세라이드와 혈당에 유익한 효과를 발휘한다.

아보카도는 샐러드가 들어간 샌드위치의 주성분으로 이용될 수도 있고 메인 요리의 재료로도 쓸 수 있다. 소고기, 돼지고기, 양고기와 같은 '붉은 고기'를 즐겨 먹는 멕시코 사람들은 과콰몰리(아보카도를 으깨어 토마토, 양파, 양념을 더한 멕시코 소스이자 샐러드)로 식사를 시작하는 멋진 생각을 해냈다. 많은 멕시코 사람들은 아침식사 때부터 빵에 버터 대신 과콰몰리를 곁들여 먹는다.

아보카도는 음식물의 여러 독성 성분이 접촉하기 전에 보호막이 되어준다.

3) 색다른 찐 감자 스테이크

최근 세계보건기구는 돼지고기를 비롯한 육류 소비와 직장 결장암 사이에 위험스런 관계가 있다고 발표했다. 거의 800여 연구 논문을 검토하고서 과학자들은 경고의 메시지를 전하기로 결정했다. 가금류를 제외한 모든 종류의 고기가 관련이 있었다. 그 순간, 수많은 소비자들은 공포에 사로잡혔다.

좀 더 자세히 살펴보자. 모든 음식이 그렇지만 특히 고기는 굽거나 삶는 방식을 잘 고려해야 한다. 많은 국가에서 고기를 석쇠에 굽는데, 너무 태워서 먹는 경향이 있다. 반복해서 말하지만 불에 타 시커멓게 된 것은 절대로 먹지 말아야 한다. 암을 일으킬 위험성이 크다는 사실이 밝혀졌기 때문이다. 완전히 탄 고기 조각 3센티미터를 먹는 것은 200개피의 담배를 피우는 것과 맞먹는다. 나이프로 탄 부분을 완전히 잘라낸 후 먹길 바란다.

고기 먹는 횟수도 고려해야 한다. 가끔씩 고기를 먹는다면 별 문제가 되지 않지만, 매일 먹는다면 얘기가 달라진다. 나는 독자들이 절대로 죄책감을 느끼지 않았으면 한다. 고기를 자주 먹어야 원이 풀리는 사람은 자기 몸을 더 잘 보호하기 위한 해결책을 찾아야 한다. 전통 음식 중에 감자튀김을 곁들인 스테이크를 거론하지 않을 수 없다. 나는 이 전통 음식에 관한 과학자들의 연구결과를 토대로, 감자튀김을 곁들인 스테이크를 찐 감자 스테이크로 바꿔 먹도록 권하고 싶다.

직장 결장암이 장내 만성 염증과 장 점막에 붙은 독성 물질(살충제 성분과 같은) 때문에 촉진된다는 것은 명백한 사실이다. 과도한 붉은 고기 섭취가 주요 요인이다. 천연 섬유질이 풍부한 음식을 먹는 식이요법이 직장 결장암을 예방해 주고 위험 요소도 감소시킬 것이다. 과일과 곡물의 섬유질도 마찬가지이고, 기타 섬유질에서도 나름대로의 효과를 얻을 수 있다.

4) 섬유질이 질긴 전분

식품 영양학 연구에 따르면 음식물 속의 섬유질 중 질긴 전분이 결장암의 위험 요소를 줄이는 데 기여한다고 한다. 동물에게 실험한 결과 질긴 전분을 추가하면 붉은 고기의 돌연변이성 경향을 약화시켜, 직장 결장의 종양이 커질 위험을 줄여주었다. 사람과 동물을 병행한 연구에서도 질긴 전분이 장내 독성 물질의 양과 붉은 고기로 인한 DNA 차원의 피해를 낮추는 결과가 나왔다.

아주 다양한 역할을 하는 찐 감자는 질긴 전분의 주요 공급원이고, 잘 섭취하면 결장에 끼치는 붉은 고기의 암 유발 인자를 약화시킬 수 있다.

그래도 감자튀김을 먹겠다면, 감자를 아주 두껍게 잘라서 뜨거운 식용유와 접촉하는 지방질 표면을 최소화하라. 너무 탄 부분은 절대로 먹지 마라. 통감자와 첨가물 없이 으깨 만든 감자 퓨레의 영양가는 아주 다르다는 점을 명심하자. 감자튀김 100그램은 480칼로리이고, 찐 통감자 100그램은 90칼로리다. 나 같으면 통감자를 선택하겠다.

5) 울트라 항독식품 물냉이

물냉이(크레숑, 한련)는 좋은 건 다 가지고 있다고 하면 쉽게 믿겨지지 않을 것이다. 칼로리 양은 미세할 정도여서(100그램에 11칼로리) 작은 밥공기 정도이고, 카로틴, 비타민, 섬유질, 그밖에도 미량의 원소들이 풍부하다. 장점은 여기에 그치지 않는다. 물냉이를 처음 연구할 결과, 여러 독성에 대항하는 항독, 항돌연변이 기능을 지닌 것으로 파악되었다.

과학자들은 담배가 지닌 가공할 독성을 해결하려 애써 왔다. 담배는 엄청난 피해를 입힌다. 폐암과 심혈관 질환을 일으키고, 주름 형성과 노화를 촉진시킨다. 매년 수백만 명의 사람이 담배로 죽는다. 물냉이가 이런 상황에 훌륭한 역할을 한다지만, 애연가들이 태연하게 담배를 피우면서 담배의 너무도 많은 발암성 위험요소를 막아주는 수단으로 악용하지 않기를 바란다.

과학자들이 물냉이가 담배의 심각한 발암성을 해독하고 암 위험성을 줄여주는 능력을 지녔음을 밝혀냈다. 담배 속에 든 독성 물질만 한정해도 나이트로소아민, 벤젠, 아크롤레인 등 무수히 많다. 그런데 흥미로운 것은 유해 화합물의 상당수가 음식물에도 존재한다는 사실이다. 참고로 물냉이의 독소 제거 수준은 벤젠은 95%, 아크롤레인은 32%, 크로톤알데히드는 29%에 이른다.

헨트 대학교의 과학자들은 식료품의 60% 가량이 극소량의 벤젠을 함유하고 있다는 사실을 알아냈다. 물론 그 양은 미미하고 기준치를 밑돈다. 그러나 사람들은 앞으로 점점 더 오래 살 것이고, 작은 시냇물들이 모여 훗날 큰 강을 이루는 법이므로 지금부터는 독성 물질로부터 우리 몸을 보호하기 위해 가능한 한 모든 수단을 동원해야 한다. 벤젠의 경우 만성적으로 노출되면 백혈병을 일으킬 수 있는 위험천만한 인자다.

영국의 의료진이 물냉이의 새로운 특성을 발견했는데, 물냉이에 들어있는 화합물인 페네틸이소티오시아네이트(PEITC)가 유방암에 좋은 효과를 발휘한다고 발표하였다.

올리브유와 식초 몇 방울을 넣은 물냉이 샐러드는 어떨까? 식사하기 전에 먹어보자. 이제부터 물냉이를 당신 건강의 지원군으로 삼아라.

Tips

갈색지방의 위력 *베이지지방

다이어트 비결은 소식하고 운동을 많이 하라는 걸 모르는 사람이 없다. 물론 다 알고 있지만 지속적인 실천이 어렵거니와 요요현상 때문에 더 어렵다. 최근에 과학자들은 원시 인류가 지니고 있었던 갈색지방세포의 비밀을 알아냈다. 갈색지방은 어린아이나 동면하는 동물에 많이 분포하는데 이른바 갈색지방세포인데 근육(백색지방)세포보다 에너지소모량이 430배라고 한다.

어깨, 목뒤, 척추에 분포하고 있으며, 마른 사람이나 어린아이의 몸에 많지만 나이가 들수록 성인의 몸에는 별로 없다고 한다. 갈색지방은 원활한 신진대사를 높여주고 비만, 당뇨, 고혈압을 예방해준다고 한다. 물론 성인들은 비만한 사람보다 날씬한 사람이 갈색지방세포를 더 많이 지니고 있다고 한다.

살충제에 능동적으로 대처하기

수많은 연구자들에 의해 암, 신경퇴행성 질병과 살충제 흡입의 관련성을 밝혀내고 있다. 이런 과학 정보에도 불구하고 우리는 먹거리에 함유된 살충제로부터 자유로울 수가 없다. 살충제 성분은 과일과 야채 같은 '건강식품'을 포함한 많은 먹거리에서 매일매일 만날 수밖에 없기 때문이다. 우리는 음식 재료를 적절히 조합해 요리를 만들지만, 그 요리를 먹을 때 생길 수 있는 '칵테일 효과'의 위력은 상상을 초월한다. 과일 한 종류에 뿌려진 여러 살충제는 하나씩만 뿌렸을 때의 미치는 영향력과 무관하게 새로운 부작용을 촉발한다.

진짜 위험성을 밝히기 위해서는 앞으로도 수십 년이 걸릴 것이다. 그때까지는 건강을 지키기 위해 매일매일 주의할 수밖에 없다. 물론 대안으로 유기농식품을 생각해볼 수 있다. 그렇지만 알다시피 매일 유기농 음식을 먹기란 결코 쉬운 일이 아니다.

1) 과연 씻어야 할까? 말아야 할까?

어떤 경우에는 음식을 차리거나 먹기 전에 씻는 작업이 무익하고 게다가 위험할 때가 있다. 달걀은 씻으면 안 되는데, 보호막 역할을 하는 각피가 씻겨나가 달걀 내부로 세균이 들어갈 수 있기 때문이다. 달걀의 뾰족한 부분을 아래로 하여 달걀판에 보관하기를 권한다.

마찬가지로 생닭을 오븐에 넣기 전에 수도꼭지 밑에 두지 마라. 물이 튀어 닭 표면에 있던 캄필로박터균 같은 위험한 식중독균이 당신의 손, 옷, 도마로 옮겨질 수 있기 때문이다. 안심하라. 잘 익히거나 구우면 모든 캄필로박터균이 자연스레 소멸한다. 가금류를 손질하고 나면 정성껏 손을 씻자.

이번엔 감자다. 감자도 씻어서 보관하면 안 좋다. 수분 때문에 더 빨리 썩을 염려가 있기 때문이다. 냉장고에 넣지도 마라. 섭씨 7도 이하에서는 감자의 전분 성분이 당분으로 변하는 경향이 있고, 색과 맛이 변하면서 시들해진다.

세척되어 작은 봉지에 넣어 파는 과일과 야채는 추가로 씻을 필요가 없다. 가령 다른 사람들을 위해 과일과 야채에 묻은 흙먼지를 씻어낸다면 바람직한 일이겠지만 말이다. 가능하면 먹을 때마다 껍질을 벗겨 살충제 대부분을 제거하라. 세제는 결코 사용할 필요가 없음을 당부한다. 자칫 세제까지 먹을 염려가 있기 때문이다. 어떤 야채는 잘 씻어내기 위해 작은 브러시를 사용하는 게 좋다. 야채, 과일, 허브는 가능하면 매번 씻는다. 신선한 최근 것들을 쓰고, 일주일 치 분량을 미리 사오지 않도록 한다. 우선 사온 것들은 식초 한 숟가락을 넣은 물에 담가준다. 그런 다음 수도꼭지 바로 밑에 놓고 깨끗하게 씻어준다.

잘 말리고 남아 있는 물기도 문질러서 없앤다. 상품 표시용 스티커를 잘 없앴는지 꼭 확인한다. 오이, 당근, 사과, 배 껍질도 깎아 먹는다. 어쨌든 과일 껍질은 먹지 말자. 많은 사람이 껍질을 깎으면 비타민을 상실할까봐 염려한다. 걱정하지 마라. 과일과 야채 속에도 비타민이 아주 풍부하다. 꽃상추, 양배추, 양상추 등의 야채는 살충제나 농약이 더 많이 묻어 있을 가능성이 많으므로 겉잎을 따서 버리자.

파인애플과 같은 열대 과일을 위해 특별한 조언 하나를 덧붙이겠다. 열대 과일의 꼭지는 항상 잊지말고 버려라. 지구 반대편에서 온 세균의 온상이기 때문이다. 해로운 것은 먹어서 좋을 리 없다.

2) 올바르고 현명한 선택

여러 과일과 야채에 살포되는 살충제 종류가 모두 같은 것은 아니다. 미국 환경 연구단체인 EWG에 따르면 하루에 12종류의 과일과 채소를 먹는다고 할 때 많게는 10가지 살충제에 노출되고, 선택을 잘 한다면 최소 2가지 살충제에 노출되는 것으로 결론을 내렸다. EWG에 따르면 가장 많이 살충제가 사용되는 것은 사과, 딸기, 수입산 포도, 방울토마토, 셀러리, 복숭아, 시금치, 고추, 넥타린(털 없는 복숭아), 오이, 당근, 배, 상추다. 가장 적게 사용되는 것은 아보카도, 옥수수, 파인애플, 망고, 양파, 아스파라거스, 양배추, 키위, 완두콩, 가지, 수박, 브로콜리다.

모든 과일과 야채가 해충에 같은 방식으로 피해를 받는 것이 아니라는 점을 알면 그 차이점을 이해할 수 있다. 항상 제철 과일과 야채를 소비하는 것이 바람직하다는 점을 잊지 마라. 한겨울에 지구 반대편에서 딸기를 손상되지 않게 가져오려면 얼마나 많은 화학물질을 사용해야 하는지 상상해 보라.

똥배 안 나오게 하는 비결

배가 안 나오면 미관상으로도 정신건강에 좋다. 겉모습이 세련되어지고 마음속이 평안해진다. 과체중(비만)과 뚱뚱한 배는 긴밀한 관계에 놓여 있다. 상당수 음식은 일석일조의 능력을 지니고 있다. 장내 가스를 줄여주고 한편으로 배도 들어가게 해준다.

Tips

지키면 정말 좋을 두 가지 기본 규칙

배가 나오지 않고, 방귀와 위에 가스가 차는 증상을 피하고 싶다면 두 가지 규칙을 지키면 된다. **첫째, 걸으면서 먹지 않는다.** 길거리는 식당이 아니다. 걸으면서 먹으면 공기도 마시게 되어 위가 팽창한다. 소화기관은 사람이 걷고 있을 때 적절하게 기능하지 못하기 때문에 소화가 잘 되지 않는다. 게다가 2015년에 발표된 연구에 따르면 걸으면서 먹으면 살이 찐다는 사실을 보여주었다. 실제로 이런 식으로 먹는 사람들은 아무런 격식도 차리지 않고(접시를 바꾸거나, 식기 세트도 없이) 항상 조금씩 계속 먹어대는 경향이 있고, 결국에 쓸데없이 살이 찐다. **둘째, 몸에 착 달라붙는 옷을 입지 않는다.** 이렇게 입는 것이 요즘 유행하는 편이지만, 몸에 꽉 끼는 청바지는 소화를 방해하고 음식을 장내에 정체시켜 가스를 발생하게 한다.

1) 장내 가스의 효과적인 대처법

장내 가스의 날숨 측정법

방귀로 배출되지 않은 장내 가스 거품들은 부분적으로 장내 점막에 흡수되고 혈액 속으로 침투하여 흘러가다 폐로 방출된다. 호흡은 몸속 독성 요소와 원치 않는 요소들을 자연스레 제거하는 방식 중 하나다. 우리 몸은 항상 독소를 제거할 다른 여과장치들도 갖추고 있다. 콩팥, 간, 피부 땀샘이 그런 작업을 수행하게 되는데 대변, 소변, 땀이 배설물이다. 폐의 상태는 숨 내쉬기로 측정(날숨 측정)한다. 음주 측정과 비슷한 방식인데 가스가 얼마나 찼는지 측정하게 된다. 신뢰할 수 있고 반복 측정이 가능하다.

장내에 메탄가스가 과도하게 차 있으면 장의 연동운동이 방해될 수 있다. 장의 연동운동은 음식물이 잘 내려가도록 해주는 몸의 자연스런 움직임이다. 과민성 대장증후군으로 고통을 겪는 환자들은 이런 가스 정체에 무척 민감하다. 이런 상태를 참으며 하루를 보내고 나면 장내 가스 흡수가 촉진됨으로써 트림을 많이 하게 된다.

가스가 체외로 배출되지 못하면 장의 움직임이 약해지고 그만큼 만성변비에 걸릴 위험이 커진다. 교양 없거나 무례한 것과는 관련 없는 일이지만 배에서 가스가 차서 트림할 때 생기는 견디기 힘든 악취 때문에 좁은 공간에 있는 주위 사람들에게 폐를 끼치는 꼴이 된다. 입 꾹 다물고 화장실에 혼자 있는 것이 상책이다. 일본 여성들은 화장실에 있을 때 품위를 유지하기 위해 수도꼭지를 틀어 민감한 소리를 죽인다고 한다. 방귀를 꾹 참으면 온몸이 경직되는 경향이 있음을 덧붙이고 싶다. 이런 상태로 하루를 보내면서 긴장이 완화되길 바랄 수는 없다. 방귀를 참으면 만성 스트레스에 쉽게 사로잡히게 된다. 가스의 배출은 소화과정에서 생기는 정상적인 신체활동이다.

가스 배출을 위한 3분 운동

이미 살펴본 것처럼 음식을 먹을 때마다 자연스럽게 장내에 가스가 생긴다. 가스는 장에 갇혀 있는 성향이 있다. 배를 부풀리고 불쾌감도 느끼게 한다. 가스를 더 빨리 항문 쪽으로 내보내 배출시키려면 그야말로 상식대로 하면 된다. 많이 움직이면 가스를 더 빨리 배출할 수 있다. 몇 가지 운동을 소개하겠다. 먼저 조용한 곳에 혼자 있도록 하자.

· 주저앉기

선 자세에서 몸을 웅크리는 운동이다. 주저앉아 엉덩이를 땅바닥에 가능한 만큼 가까이 댄다. 그 자세로 10까지 센 다음 다시 일어선다. 3회 반복한다. 웅크리고 있을 때 양손을 넓적다리 위에 놓거나 양손으로 의자를 붙잡고 있으면 안정감을 유지할 수 있다. 이 자세를 취하면 자연스럽게 장운동을 촉진시켜 가스가 잘 배출된다. 추가로 넓적다리 근육을 단련시키는 장점도 있다.

· 무릎 웅크리기

옆으로 편안하게 눕는다. 양 무릎을 가슴 쪽으로 바짝 붙이고 10까지 센다. 반대쪽으로 누워서 똑같이 한다. 이렇게 3회 실시한다. 이런 자세를 취하면 결장에 있는 가스가 항문 쪽으로 잘 빠져나간다.

• 관장 포즈 취하기

침대 위에 무릎을 꿇고 앉은 다음 한쪽 어깨를 침대에 대고 눕는다. 관장할 때 취하는 자세와 비슷하다. 5까지 센다. 반대쪽으로 누워서도 똑같이 해준다. 관장을 위해 노즐을 항문에 넣는 일이야 없지만 가스 배출은 충분히 가능하다.

여러 음식의 섭취로 인하여 장내 가스를 발생시키는데, 그와 더불어 비행기 탑승과 같은 여러 특이한 상황도 한몫을 한다. 압력 차이 때문에 가스 발생이 증가할 수 있기 때문이다.

어느 과학자 팀이 특히 비행할 때의 이런 현상을 연구한 적이 있다. 실제로 제한된 공간에서 많은 승객들이 비좁게 앉아있게 되면 서로에게 실례를 할 수 있다. 과학자들은 항공회사에 권해 볼만한 해결책들을 찾았다. 과학자들은 비행기 좌석 쿠션과 담요에 방귀 냄새를 잘 흡수하는 활성탄 성분을 집어넣을 것을 제안했다.

또 장내 가스를 가장 적게 발생시키는 음식들로 메뉴를 짜서 식사 재료를 선정할 것을 권했다. 그 다음으로 극단적인 방법이지만 '메탄 측정', 즉 날숨 측정을 하는 것이다. 가스가 많이 찬 승객을 비행기 앞 특정 좌석에 앉도록 권해서 다른 사람들이 더 나은 여행을 즐길 수 있도록 하자는 것이다. 이런 상황 대처가 폭소를 자아내게 하겠지만 건강에는 좋을 것이다.

변비 치료를 위한 셀프마사지

(1) 회음부 손가락 마시지

캘리포니아 대학 연구팀이 변비와 위에 가스가 차는 증상을 해결하기 위해 간단한 마사지 기법을 실험해 보았다. 변비는 매우 고통스럽고 대변보기 힘들게 하는 질환이다. 변비가 생기면 가스 제거도 어려워지기 때문에 자주 배가 부풀게 된다. 변을 보려고 안간힘을 쓰다보면 치질에 걸릴 위험이 커지고, 혈압이 쓸데없이 올라갈 수도 있다. 변비를 해결하려고 화학 완하제(변비약)를 쓰다보면 복용량을 점점 더 늘리는 의존성이 생길 수 있다. 물을 충분하게 마시고 운동을 하는 것이 상책이다. 변비가 고질적이고 특히 항문에서 출혈이 생길 정도라면 반드시 의사에게 진찰을 받아보아야 한다.

미국 전문의들은 어떤 한 가지 치료법에 초점을 두고 연구했는데 탁월한 성과가 있었다. 연구에 참여한 임상실험 대상자들 중 70%가 이 새로운 변비 치료 기법에 만족스러워했고, 82%가 실험 후에도 이 기법을 계속해 실행하겠다고 결심했다. 이 방식은 어떤 위험 요소나 부작용이 없음을 분명히 밝혀둔다. 일종의 마사지 기법인데, 회음부 한가운데 한 지점을 가운뎃손가락과 집게손가락으로 누르면서 셀프마사지하는 것이다. 여성의 회음부는 항문과 질 사이, 남성의 회음부는 항문과 음낭 사이를 말한다. 회음부는 소변을 보는 도중 잠깐 중단할 때 느낌이 작동되는 작은 근육을 가리킨다. 두 손가락을 항문 쪽으로 45° 기울인 채 이 부위를 여러 번 눌러준다. 이 작은 부위를 누르면 근육이 이완되고, 장운동을 담당하는 신경을 자극하게 된다. 처음에는 이 지점을 잘 찾지 못해 더듬거리기도 할 것이다. 몇 번 시도해 보면 쉽게 찾아낼 수 있고 실행 후 곧 대변을 볼 수 있을 것이다.

(2) 효과적인 셀프마사지

소화관은 음식물이 지나가는 일종의 통로인데, 소화가 끝나고도 가스와 대변이 너무 오랫동안 고여 있을 때가 있다. 이렇게 되면 속이 불편하고 변비가 생기며, 장내 가스가 차게 되어 배가 나오게 된다.

배를 마사지하는 방법도 있다. 한적한 장소에서 셀프마사지를 시도하도록 하자. 먼저 누운 다음 2분 동안 양손을 비벼서 손을 데운다. 한쪽 손등 위에 반대쪽 손을 놓고서 배에 댄다. 손은 움직이지 말고 손목을 회전시키며 원운동을 한다. 먼저 배꼽 오른쪽에서 시작해 배꼽 아래쪽으로, 즉 시계방향으로 돌리면서 마사지해주면 된다.

Tips

아주 간단한 원리의 적용

약간의 진흙 때문에 막혀 있는 살수용 호스를 상상해 보자. 진흙을 빼내기 위해 두 가지 수단을 사용할 수 있다. 첫째, 물로 진흙을 밀어내도록 수압을 올린다. 둘째, 진흙이 빠져나가도록 호스를 손으로 계속 꾹꾹 눌러준다. 첫 번째 수단처럼 변비 증세를 완화시키기 위해 물을 많이 마셔야 한다. 두 번째 수단처럼 어떤 방식으로든 많이 걸으면 근육을 사용하게 되어 장내 음식물이 잘 내려간다.

방귀 냄새

영국 과학자들이 예기치 않은 발견을 했다. 황화수소의 엄청난 특성을 알아낸 것이다. 황화수소는 썩은 달걀 냄새가 나는 가스다. 이 가스 때문에 방귀 특유의 냄새가 난다. 그런데 이 황화수소가 암을 비롯한 수많은 질병을 막아주는 효력이 있다고 한다! 아마도 양배추, 브로콜리, 마늘, 양파 등 장내 가스를 많이 발생시키는 음식과 관련이 있을 텐데, 사실 이 음식들은 장에 암이 생기지 않도록 하는 항암식품이 아닌가? 이 음식들 속 섬유질 덕분에 그런 것인데, 그렇다면 장내 가스도 나름대로 암 예방에 보조 역할을 한다는 말인가?

과학자들은 세포들이 질병으로 인하여 스트레스를 받으면 효소를 분비하고 이 효소는 아주 적은 양의 황화수소를 발생시키는데, 이 황화수소가 염증 현상을 잘 조절해 주는 역할을 하므로 더 이상 염증이 진행되지 않도록 도움을 준다는 사실을 알아냈다. 황화수소는 전형적으로 세포들의 에너지 발전소, 즉 미토콘드리아에 영향을 미친다. 또 신경퇴행성 질환, 뇌혈관 질환과 같은 염증 관련 질환을 예방해 주기도 한다. 그래서 불쾌한 냄새를 풍기는 장내 가스를 골칫거리로만 여겨서는 안 된다.

여성들은 고상한 자태를 유지하고 싶어 한다. 전혀 트림을 하거나 방귀 같은 건 뀔 것 같지 않은 존재로 보이고 싶어한다. 신중하게 처신해서 민망한 일로 주목받지 않으려 한다. 그런데 실제로는 그렇지 않다. 모든 남성처럼 여성도 하루에 20여 가지 장내 가스를 발생시킨다. 남성과 여성 모두 똑같다. 사람마다 가스 종류와 양이 조금씩 다른 것은 성별의 차이에 따른 것이 아니라 먹은 음식에 따라 달라진다. 알다시피 어떤 음식은 가스를 많이 발생시키고 어떤 음식은 그렇지 않다. 장내 박테리아의 종류와 양도 사람마다 다르다.

가스 발생량을 제한해서 속이 편하고 배가 나오지 않게 하고 싶은 사람들을 위한 몇 가지 간단한 팁이 있다. 첫째, 음식을 먹으면서 공기는 삼키지 않도록 한다. 즉 가능한 한 입을 다물고서 씹는다. 말을 하면서 먹든 음식만 먹든 자신이 선택할 문제인데 꼭꼭 씹어 먹어야 소화가 잘 되고 가스 발생을 줄여서 효소 수가 증가한다. 발포성 음료(탄산음료)와 빨대로 음료를 마시는 건 삼가는 것이 좋다. 마찬가지로 껌을 씹으면 쓸데없이 공기를 삼키게 된다.

2) 효율적인 영양 섭취

똥배 안 나오게 쓴맛으로 시작하는 식사

앞서 우리는 쓴맛이 포만감을 갖게 하는 데 도움이 된다는 사실을 거론했다. 나는 쓴맛이 나는 샐러드로 식사를 시작하라고 제안을 드린다. 씁쓸한 꽃상추, 흰색 라디(radis, 작은 무의 일종), 로케트(잎을 샐러드에 쓰는 유채과의 식물), 왕귤 몇 조각 곁들인 붉은 치커리 정도면 좋다. 여기에 올리브유를 세 차례 분무한 다음, 소금 말고 능금주 식초를 한 스푼 넣는다. 능금주 식초는 음식물이 장을 잘 통과하도록 해주어 배가 나오지 않게 만드는 탁월한 작용을 한다. 더 큰 효과를 원한다면, 설탕 넣지 않은 커피 한 잔과 80~100% 다크 초콜릿 두 조각으로 식사를 끝마치면 좋다.

똥배 나오지 않게 하는 야채 요리

살을 빼고 싶다면 우선 녹색식물에 빠져보자. 날씬함을 상징하는 야채는 바로 강낭콩이다. 호리호리한 강낭콩 모양새는 예쁘기도 하고, 껍질을 벗기지 않는 한 줄강낭콩은 날씬함을 보여준다. 100그램당 31칼로리여서 탁월한 선택이 될 것이다. 다만 먹을 때 약간의 수고스러움은 있다. 강낭콩은 항상 잘 삶아서 먹어야 하고, 날것으로 먹거나 덜 삶아서 딱딱하게 된 상태로는 먹지 말아야 한다. 삶은 후에는 삶은 물은 꼭 버리고 냄비도 깨끗이 씻자. 이유는 간단하다. 날것 상태의 하얗거나 붉거나 파란 강낭콩은 렉틴의 일종인 파신(phasine)이라 부르는 독성 물질을 함유하고 있는데, 파신은 염증의 원인이 되는 단백질이다. 파신을 약간만 먹어도 소화불량을 일으키고, 장 점막에 염증을 유발시켜 구토와 복부 팽만 증세가 일어난다. 강낭콩을 날것으로 먹다가 장출혈이 발생한 경우도 있다.

같은 맥락에서 날것으로 먹으면 위험한 몇 가지 야채를 살펴보자. 이따금 감자에 녹색 반점이 생기는 경우가 있다. 이럴 땐 반드시 칼로 큼지막하게 도려내야 한다. 녹색 반점들은 독성 물질인 솔라닌이다. 솔라닌은 소화 장애와 경련을 일으킨다. 감자를 잘 다듬어 삶아 먹는 습관을 들이자. 다른 날것 음식에도 솔라닌이 발견되는데 예를 들어 토마토는 항상 꼭지를 제거해야 한다. 마찬가지로 아직 녹색을 띠는 토마토도 먹지 마라. 역시 솔라닌이 들어 있다. 같은 이유로 가지도 날것 상태로 식탁에 올리지 말 것을 당부한다. 삶으면 솔라닌이 파괴된다.

똥배 나오지 않게 하려면 원리는 간단하다. 가능하면 익히는 작업을 하면 몸속에서 탈이 날 가능성을 줄여준다. 음식을 익히거나 삶으면 잘 소화시킬 준비를 갖춘 셈이다. 음식물은 몸속을 쉽게 통과할 것이고, 소화 도중 가스도 발생하지 않을 것이다. 여기에다 꼭꼭 씹기까지 하면 효소가 잘 분비되어 음식물이 잘 통과할 것이다.

그러니 똥배 나오지 않게 하려면 모든 야채를 냄비 속에 넣고 요리하라. 장도 당신에게 고맙게 생각할 것이다. 한 가지 덧붙이자면 냄비에 식초 몇 방울을 떨어뜨리면 더할 나위 없이 좋다.

완벽한 조리법

똑같은 음식을 요리했다고 장을 지나가는 소화 상태도 같으리란 법은 없다. 본래 성질, 완숙 정도, 조리 방법에 따라 달라진다. 어떤 음식들은 서로 궁합이 잘 맞고, 어떤 음식들은 전혀 그렇지 못하다. 음식 재료를 잘 선택하여 요리하면, 소화가 잘 되고 배가 나오지 않을뿐더러 대변도 잘볼 수 있다.

소화가 잘 된다는 것은 소화 느낌이 만족스럽다는 것만을 뜻하는 것은 아니다. 몸이 가볍고 상태가 아주 좋다는 걸 말해준다. 장에 가스가 많이 차지 않고 배가 나오지 않으며 소화에 전혀 불편함이 없는 걸 뜻한다. 그야말로 행복하고 평온한 상태다.

어떤 사람들은 대변을 보고서 "시원하다"라고 말하는 것처럼, 쾌변은 변의 모양새가 좋고 지방질이 없으며 힘들이지 않고 변을 보는 것을 말한다. 직장 안은 자연스레 텅 비어 있다. 휴지도 아주 적게 쓴다. 항문 주변은 깨끗하다. 배변을 볼 때 고약한 냄새도 나지 않는다.

소화시키고 나서 장 문제와 대변 상태를 잘 식별하려면, 몇 시간 전에 위 속에 들어 있던 음식물의 상태를 잘 살펴보아야 한다. 예를 들어 위를 섭씨 37°의 약한 불에서 요리 중인 냄비로 상상해 보자. 냄비에는 양념이 들어가겠지만 위에는 위산과 효소가 분비된다. 위에서의 음식물은 위산, 효소와 뒤섞여 '조리'가 된 다음, 오랜 시간 동안 장들을 통과하면서 한층 더 익혀지고 변화된다. 마치 화학공장과 같다. 위산, 효소와 뒤섞인 몇몇 음식 성분들은 가스를 배출하고 또 다른 성분들은 그렇지 않는다. 그래서 선택을 잘해야 한다.

(1) 장 통과를 도와주는 음식

장 통과에 아주 효과적인 음식들이 있다. 찐 양배추 잎과 같은 십자화과 야채를 예로 들어보자. 섬유질은 야채 골격을 이루는 성분이어서 물에 잘 녹지 않는다. 섬유질의 효능을 나타내기 위해 우선 고기를 양배추 잎으로 싸서 먹는다고 가정해 보자. 양배추 잎의 섬유질 구조와 점도가 고기에 작용해, 고기가 변으로 쉽게 배출되도록 도와준다. 고기는 이렇게 수많은 이익을 가져다주는 섬유질로 에워싸인 채 입으로 들어간다. 지방은 장에서 덜 흡수되고 더 적은 양으로 혈액 속을 지나간다. 덕분에 자연스레 소화되는 콜레스테롤과 칼로리 양이 낮아진다. 게다가 섬유질은 장내 통과를 촉진한다. 장 세포벽과 접촉하는 시간도 짧아지는데 이런 경우가 많을수록 암에 걸릴 위험도 줄어든다. 이유를 따질 필요도 없다. 수많은 음식들이 발암물질을 함유하고 있다. 피자나 고기처럼 불에 태워진 음식들은 겉면이 검게 되는데 여기에는 발암물질인 벤조피렌이 많이 함유되어 있다. 살충제를 잔뜩 뿌린 식품류도 상당한 위험 요소를 지니고 있다. 장 통과가 빠를수록 위험성이 줄어든다. 이것은 태양에 노출되는 경우도 비슷하다. 짧게 노출되면 건강에 문제가 없다. 그러나 매일 여러 시간 동안 노출되면 흑색종(멜라닌 형성 세포로 말미암아 생기는 악성 종양, 피부암의 일종)에 걸릴 위험이 커진다.

건강엔 섬유질이 최고다. 섬유질이 풍부한 음식을 매일 먹으면 사망률이 22% 떨어진다. 섬유질은 혈압, 혈당, 염증 현상을 낮춰준다.

십자화과 야채에 양배추만 있는 것은 아니다. 싹양배추, 콜라비, 피자반죽에도 들어가는 꽃양배추, 브로콜리, 무, 스웨덴 순무, 케일 등 다양하다. 그래서 식단도 다양하게 짤 수 있다. 이 야채들의 효능을 만끽하려면 냄비에 물을 넣고 오래 삶아서는 안 된다. 끓는 물에 오래 담그면 영양소가 파괴되기 때문이다. 대신 찜기로 익히거나 팬으로 데치거나 전자레인지로 살짝 데우자.

한몫하는 슈크루트

돼지고기와 양배추가 들어가는 요리인 슈크루트에서 야채, 즉 양배추에 대해서 말해 보겠다. 일반적인 인식과는 반대로 양배추는 훌륭한 다이어트 식품이다. 100그램당 겨우 19칼로리이고 1인당 250그램 정도 먹으면 되는데, 이것은 대략 감자 한 개 무게다. 슈크루트에도 들어가는 감자는 섬유질이 가득하고 비타민 C와 A, 칼슘, 마그네슘이 풍부하다. 포만감도 아주 확실해서 먹고 나면 주전부리를 안 하게 된다. 그런데 나의 관심사는 여기에서 끝나지 않는다. 슈크루트는 몸에 좋은 락토바실러스균이 이상적으로 배합된 유산균 음식이다. 양배추 발효와 관련된 유산균은 장내 박테리아들이 조화롭게 균형을 유지하도록 도와준다. 몸에 이로운 박테리아는 장내 가스를 현저하게 줄여준다. 슈크루트를 먹으면 이중적인 효과를 누릴 수 있다. 우선 섬유질이 음식물의 장내 통과를 촉진시켜 변비를 없애준다. 또 몸에 이로운 장내 박테리아에 유산균 효과를 촉진해준다. 게다가 슈크루트는 배고픔 없이 살을 빼는 데 도움이 되니 주저하지 말고 식단에 포함시키자. 다만 유산균 효과가 더 많이 발휘되게끔 시원한 상태에서 먹도록 하라.

(2) 대변에서 음식물 조각이 보일 때

대변에서 음식물 조각이 원래 그대로 섞여 있는 경우가 있다. 마치 하얀 변기가 덜 더러워지도록 식단을 짠 것처럼 말이다. 특히 몇몇 음식은 유별나게 소화가 안 된 것처럼 발견되기도 한다. 옥수수 낟알, 당근,

붉은 고추, 땅콩, 샐러드 잎 등이 있는데 그렇다고 불안할 것은 없다. 식사할 때 제대로 씹지 않아서 생기는 결과일 때가 많다.

위에서 언급한 음식은 모두 섬유질이 풍부하다. 대변에서 이런 음식물 조각이 발견된다면 우리 몸이 이러한 음식물을 제대로 흡수하지 못했기 때문이다. 마치 먹지 않은 것과 같고, 또한 그 만큼 칼로리도 섭취 안 한 것이 된다. 중요한 것은 섬유질이 우리 몸의 지방과 칼로리 흡수를 줄여주고 장내 음식물 통과가 잘 이루어지게 한다는 점이다. 야채의 섬유질은 음식물 덩어리를 조밀하게 둘러싸서 장내 통과가 잘 되게 해주고 이렇게 혈액 속으로 지방이 흘러들어가는 현상을 줄여준다.

(3) 같은 음식이라도 대변 상태가 달라진다

ㄱ) 쌀

흰쌀은 변비를 일으킬 수 있고, 흑미(검은쌀)는 섬유질이 풍부해 음식물의 장내 통과를 촉진시킨다. 흑미의 또 다른 장점은 혈당지수인데 흰쌀이 70인 반면 흑미는 50이다. 실제로 흑미는 건강에 아주 좋은 음식이다. 흑미를 먹으면 혈당이 낮아지고 특히 몸속 당분을 지방으로 변화시킨다.

ㄴ) 당근

삶은 당근은 변비를 유발하는데 생 당근은 반대 효능이 있다. 생 당근의 섬유질은 음식물 덩어리를 더 잘 조밀하게 둘러싸 건강한 대변을 보게 한다. 대변 색깔이 거의 오렌지색에 가깝다.

ㄷ) 바나나

녹색 바나나는 변비를 일으키지만, 잘 익은 바나나는 변을 잘 보게 하는 완하제(설사작용을 유발하는 효과)와 같다.

식사 후 배 두드리기

당신은 푸짐한 식사를 하고 배를 살짝 두드리는 사람을 본 적이 있는가? 이 행동은 만족감과 유쾌한 기분을 나누려고 친구의 허리를 다정하게 톡톡 치는 모습과 유사하다. 이 행동은 "정말 잘 먹었다!"라는 기분을 나타내는 우리 선조들의 관습이기도 하다.

또한 실제로 생리적 현상에 부합하는 행동이다. 장내 가스는 몸에 압박을 가하고 불편한 느낌을 갖게 하는데, 배를 두드려서 소화관이 이 가스를 더 빨리 배출시키도록 권하는 셈이 된다. 배 두드리기보다 더 효과적으로 빨리 가스를 제거하고 싶다면 15분 정도 걸어라. 소화가 훨씬 잘될 것이다. 다만 빨리 걷지는 마라. 몸 에너지가 이미 소화에 집중하고 있기 때문이다. 차분하게 걸으면 호흡에도 좋고 소화에도 더 좋게 작용할 것이다.

회향차 한 잔으로 식사 마무리하기

달콤한 디저트 대신 회향차 한 잔으로 식사를 끝내도록 해보자. 회양 열매 알갱이들을 뜨거운 물에 넣고 5분 동안 우려낸다. 잠시 식힌 다음 마시자. 회양 열매는 부작용 없이 '마른 배' 효과를 선보여 주는 천연 재료다. 즉 회향차는 음식물 소화 도중 생긴 장내 가스를 줄여준다.

*회양차 효과 : 회양 열매의 맛은 맵고 성질은 따뜻하다. 신장과 위를 데워주고 입맛을 돋우어주며, 기를 잘 통하게 하고 가래를 없애주며 통증을 멈추게 한다.

피토케미컬이란?

피토케미컬은 '식물'을 뜻하는 피토(phyto)와 '화학'을 뜻하는 케미컬(chemical)의 합성어로써 사람의 몸에 들어가면 항산화물질이나 세포 손상을 억제하는 작용을 해 건강을 유지시켜 주기도 하는데, 버드나무 껍질에서 추출한 아스피린, 말라리아 특효약 퀴닌, 발암물질 생성을 억제하는 플라보노이드, 카로티노이드 등이 대표적이다.

식물 속에 포함되어 있는 모든 종류의 화학물질을 총칭하는 말인데 피토케미컬은 식물의 뿌리나 잎에서 추출되는 영양소인데 주로 컬러푸드(color food)에 많이 함유되어 있으며, 그밖에도 흰색을 띠는 마늘류·버섯류, 검은색을 띠는 콩류·곡물류에도 들어 있다.

이미 알려진 피토케미컬만도 버드나무 껍질에서 추출한 아스피린, 말라리아 특효약 퀴닌, 발암물질 생성을 억제하는 플라보노이드, 카로티노이드 등이 함유되어 있다. 각종 과일과 채소에는 플라보노이드, 녹황색 채소에는 카로티노이드, 마늘과 양파에는 황화합물의 일종인 알리신 등이 함유되어 있다.

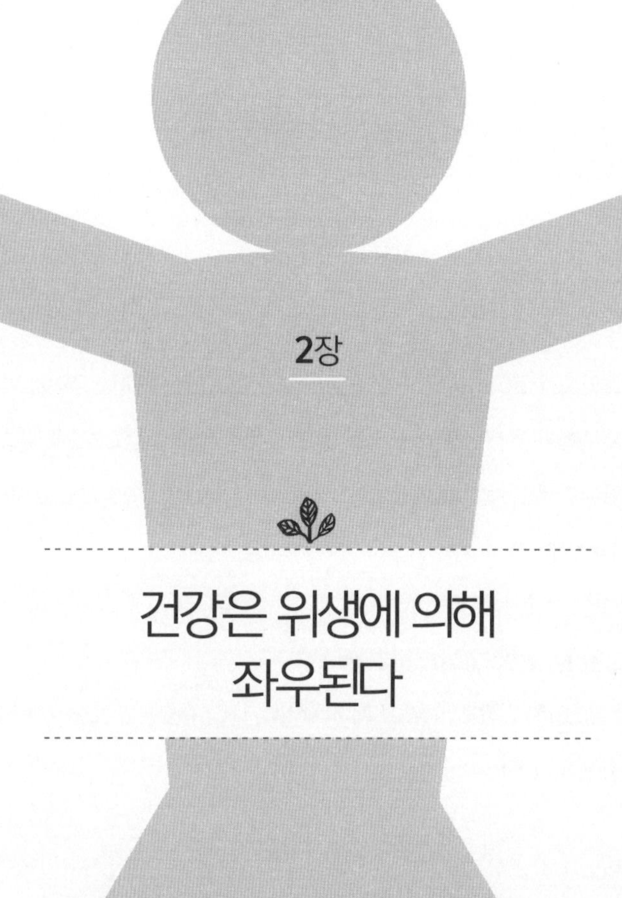

2장

건강은 위생에 의해 좌우된다

“세균이 문제가 아니다. 어떤 상황인가가 관건이다.”
–루이 파스퇴르

위생은 우리 삶의 모든 활동과 매우 관계가 깊다. 우리 몸(인체)은 물론이고 우리가 먹는 음식, 침구류, 화장실에서 손 씻는 방식, 집 청소 등이 해당된다. 청결한 생활습관을 갖춰 위생에 충실하면 외부의 어떤 유해 작용에도 당당히 맞설 수 있다. 철저한 위생 습관은 질병으로부터의 진정한 예방책이다.

사람이나 동물에 세균이나 미생물을 비롯하여 각종 바이러스를 병균이라 하는데 외부로부터 인체에 침투하여 수많은 질병을 유발하게 된다.

따라서 각종 병원균이 인체에 침투했을 때 저항력을 가지고 대항할 수 있는 면역체계 기능을 갖추는 것이 중요하다.

위험한 곳:
식탁보 없는 식탁

레스토랑의 식탁에 천이나 종이로 된 식탁보가 사라진 것을 알아차린 적이 있는가? 이런 경향이 조심스레 퍼지는 바람에 많은 사람들이 눈치 채지 못하고 있는 것 같다. 현대적이고 유행에 따르며 디자인으로도 좋다는 구실 아래, 식탁보를 깔지 않거나 그나마 각자 앞에 종이 한 장만 깔아놓는다.

손님이 나가고 다른 손님이 오면 음식 부스러기를 치우기 위해 이따금 행주질을 하는 것 뿐이다. 종종 간략하게 식탁을 스펀지로 한번 닦기도 한다. 이런 행동은 오히려 더러운 것들을 펼쳐놓는 셈이 되는데, 제대로 청소하는 것이 아니기 때문이다. 단지 겉으로 보기에 청결하게 관리하는 것처럼 믿게 하는 상징적 행동일 뿐이다. 스펀지 상태를 살펴보면 이 스펀지가 이 식탁에서 저 식탁으로, 즉 한 사람에게서 다른 사람으로 세균을 옮기는 핵심 매개체라는 것을 금방 알아차릴 수 있을 것이다.

식탁은 우리가 외부 물질, 즉 음식물을 입에 넣어 몸속으로 들여보내는 곳이다. 어떤 사람은 식탁에 앉아 말을 하면서 침을 튀기기도 하는데, 그때 감기나 위염에 걸려 있는 상태라면 그 침에 병원균이 가득할 것이다. 게다가 같이 식사하는 사람 중 한 명이 화장실을 갔다온 후 손을 씻지 않았을 때, 식탁 위에 펼쳐질 세균 덩어리를 상상해 보자. 식탁 위에는 나이프, 포크, 스푼, 빵이 있는데 종종 이것들의 청결 상태가 의심스러울 때가 있다. 감자튀김과 같은 몇몇 음식들은 손가락으로 집어 먹기도 하는데, 이미 손가락이나 손은 식탁 위를 자주 오가고 한 상태다. 당신과 같이 식사를 한 사람들이 가지고 있는 세균(병원균)은 이렇게 자연스럽게 당신 위 속으로 직접 투하하게 된다.

물론 당장 당신이 병에 걸리지는 않겠지만, 당신이 감기나 위염에 걸려 있다면 위험성은 무척 커지게 된다. 특히 노인 환자들이나 병원 치료를 받느라 면역력이 약해진 사람들은 우선적으로 치료되기 힘든 질병에 걸리기 쉽다. 이런 경우, 식당에서 준 음식 때문이 아니라 음식을 어떻게 서비스 받았는가에 따라 질병에 걸리기도 하는 것이다.

나는 해결책을 제시하지 못하면서 문제 제기하는 것을 좋아하지 않는다. 불결한 식탁에서 쓸데없이 오염에 노출되지 않으려면 현명한 선택을 해야 한다. 우선 천이나 종이로 된 식탁보가 있는 식당을 선택한다. 또는 살균된 수건으로 식탁과 식기 세트를 깨끗이 닦는다. 물론 이런 행동은 식당 측의 몫이지만, 희망사항일 뿐이다. 위생과 손님의 건강을 존중하는 측면에서. 또 다른 수단도 있다. 식당에서 제공하는 커다란 냅킨을 식탁에 펼쳐놓고 그 위에 접시, 식기 세트, 빵을 놓는다. 그런 다음 식사 중 입을 닦을 수 있는 냅킨을 하나 더 달라고 하자.

아무런 요구도 하지 않는다면 당신은 매일 불결한 상태로 식사를 하게 될 것이다. 그것은 씻지 않고 발가벗고서 침대에 누워 잠자는 것과 같다.

Tips

디톡스(해독요법)란?

인체에 해로운 독성 화학물질(나쁜 음식물, 농약, 항생제, 공기오염 등)은 면역력을 저하시켜 저체온증을 유발한다. 이러한 독성 화학물질은 디톡스(Detox, 해독요법)를 통하여 인체를 해독시켜 주지 않으면 면역력 저하를 가져옴으로써 각종 질병에 그대로 노출되고 만다.

현대인들에게 스트레스로 인한 과식(육식 섭취)은 면역력을 떨어뜨리는 원인으로 작용되고 있는데, 특히 육식에 의한 동물성 단백질의 섭취로 인하여 불연소 영양물질(단백질, 아미노산)은 신진대사에 장애를 일으켜 자율신경계를 교란시키거나 뇌에 산소와 영양 공급을 방해하여 뇌 기능을 저하시킨다.

동물성 단백질은 인간의 장에서 부패하여 노화인자인 발암물질을 다량으로 방출하여 인체 내에 강한 독소와 노폐물을 만들어내게 된다. 결국 동물성 단백질 때문에 혈액이 부패하면 아민, 유화수소, 인돌, 페놀 등 발암물질의 온상이 된다.

모리시타 게이치는 고기, 우유, 계란을 3대 발암식품이라 주장한 적이 있다. 따라서 발효식품이나 생선과 조개류, 곡물과 채소 위주의 식사를 권장하고 있다.

충격적인 위생 상태와 연구 결과

1년 전 나는 릴에 있는 파스퇴르 연구소의 미생물학 부서 책임자인 미셸 비알레트 박사와 만난 적이 있다. 파스퇴르 연구소는 박테리아와 바이러스에 관해 최고 전문가들이 연구하고 있는 국제적인 명성을 가진 이 분야 최고의 연구소다. 또한 전염병 예방 연구의 최첨단을 달리고 있다.

우리 일행은 점심식사를 하기 위해 파리의 레스토랑에 들렀고 빈자리가 나길 기다렸다. 한 식탁의 손님들이 계산서를 요구하고 일어났다. 종업원이 행주로 대충 빵 부스러기를 치웠고, 레스토랑 주인은 자리가 났으니 앉아도 된다고 우리에게 신호를 보냈다. 천이든 종이든 냅킨은 없었고, 우리가 쓸 접시 세트가 차려졌다. 우리는 서로를 쳐다보며 똑같은 생각을 하게 되었다. 6개월 지나 이전에는 다루지 않았던 주제를 대상으로 첫 연구가 시작되었고 급기야 세상에 알려지게 되었다.

연구 방식은 이러했다. 물체 표면의 세균 연구를 위한 표본은 영업 중인 레스토랑 식탁에서 추출했다. 표본 속 박테리아를 전부 연구했고 장 박테리아도 포함시켰다. 특정 문화 환경도 배려했다. 물론 장 박테리아는 사람 몸속 장내에 서식하는 박테리아이고, 병적인 형태를 띠고 있으며 심각한 전염병(장티푸스, 이질, 장염, 흑사병 등)을 유발할 수도 있다. 표본 추출은 2016년 9월 전염병이 없던 시기, 파리 시내의 레스토랑 46개 식탁에서 이루어졌다.

결과 수치는 가로와 세로 11. 6센티미터 크기(CFU/11.6㎠를 단위로 쓴다)의 우무에서 발견된 종류별 박테리아 양에 따랐다. 우무는 박테리아의 증식 정도를 측정하기 위해 과학자들이 사용하는 젤라틴 액이다. 우무 사용도 하나의 문화권에 따른 것이다.

사람들이 만진 모든 물건 표면에 박테리아가 검출되는 것은 지극히 정상적이지만, 장 박테리아가 존재한다는 것은 위생이 불량하다는 것을 나타낸다. 왜냐하면 장 박테리아는 대변에서 나온 것이기 때문이다. 실제로 장 박테리아는 사람이나 동물의 소화관에 있던 미생물인데, 대변에서 증식될 수 있다. 위에서 말한 표본검사 결과, 대략 레스토랑 식탁의 절반에서 장 박테리아가 발견되었고, 그 중 15%는 오염도가 심각해 100CFU/11.6㎠를 상회했다.

이런 오염의 근원지는 십중팔구 음식보다는 사람이다. 즉 위생 수준의 지표가 되는 장 박테리아는 손과 식기를 통해 입으로 들어갈 때 위험 요소가 증대된다.

건강한 치아: 질병에 대항하는 첫 번째 방패

매번 식사를 마치고 나서 정성껏 양치질하고 정기적으로 치과에 가서 진찰받는 것이 치아 건강을 위해서는 필수적이다. 치아는 우리 몸을 지켜주지만, 잘 관리하지 않으면 자칫 우리를 공격할 수도 있다.

1) 세균에 반격하기

구강 위생을 소홀히 할 때는 입 안에 있는 많은 박테리아가 췌장암의 위험 요소가 될 수 있다. 과학자들은 잇몸 감염(치주염)과 췌장암의 상호 관계를 밝혀냈다. 이미 입 안의 박테리아가 전립선암과 심혈관 질환의 원인이 될 수 있다는 사실이 증명됐고, 최근에는 알츠하이머병을 비롯한 다른 병들의 근거로 삼고 있다.

치아 손상을 방치했다가는 해로운 박테리아들이 여러 기관에 직접 침투해 만성 염증 상태를 만들 수 있다. 염증이 암의 온상이 된다는 점을 알고 있다면, 치아 손상 방치의 잠재적 위험성을 짐작할 수 있다.

치아는 음식물의 독성을 제거하기 위해 많은 노력을 하고 있다. 손에 나이프가 없어서 사과를 그냥 먹으려 한다면 우선 치아를 이용해 껍질을 베어서 버려라. 껍질을 벗기면 살충제의 90%를 없앨 수 있다. 사과에는 최대 36가지의 살충제가 사용될 수 있다는 점을 알고 있다면 치아를 사용해 건강을 지킬 마음이 생길 것이다. 마찬가지로 사과에 밤색 반점이 있다면 그것도 제거하라. 발암성 물질인 파툴린이기 때문이다.

끝으로 부부가 함께 치과에 가라. 한쪽은 치아가 건강하고 다른쪽은 그렇지 못하다면, 키스할 때 병원균이 오고 갈 수 있기 때문이다. 두 사람이 함께 구강 위생에 신경을 쓰면 건강에도 좋고 입 냄새도 해결할 수 있을 것이다.

2) 칫솔모

칫솔질은 병원균을 사냥하고 치아 차원의 대청소를 하는 행위이다. 반대로 칫솔로 인하여 입안에 수백만 개의 박테리아, 바이러스, 각종 세균류를 집어넣을 수도 있음을 기억하라. 무익한 칫솔질이 될 수도 있음에 유의하자. 그래서 이제 나는 '칫솔 운전 면허증'을 따기 위한 요건들을 소개하려고 한다.

이를 닦기 직전 한 개의 칫솔에는 대장균과 포도상구균 등을 비롯한 천만 개의 박테리아가 있을 수 있다. 과학자들은 어떻게 칫솔을 통해 매일 수백만 개의 세균이 입 안으로 들어갈 수 있는지를 알아내는 데 성공했다. 종종 원인 모를 설사를 하는 경우도 있다.

"뭘 먹어서 설사를 했지? 신선한 공기만 마셨을 뿐인데……."

이럴 땐 칫솔이 주범일 수 있다. 칫솔은 보통 화장실의 세면대나 욕조 근처에 놓여 있게 되는데, 수압으로 인한 분무 효과로 변기(대변) 속 세균이나 세면대의 박테리아가 칫솔에 묻게 된다. 그래서 제일 먼저 해야 할 일은 칫솔을 세면대나 변기에서 멀리 떨어진 곳에 두는 것이다. 또 칫솔 머리 부분을 플라스틱 케이스에 넣어 보관하지 마라. 병원균은 축축한 환경에서 증식되므로 나쁜 세균이 수도 없이 당신의 입으로 쳐들어갈 것이다.

역시 칫솔을 통해 가족들끼리 교차 오염되지 않도록 신경 써야 한다. 가족들 칫솔 모두가 같은 컵에 들어있게 되면, 병원균이 한 칫솔에서 다른 칫솔로 건너뛰기를 할 것이다. 한 사람에게 질환이 있으면 다른 가족들도 질환이 생길 수 있다. 어떤 병원균이 한 사람에게는 질병을 일으키는데 반해 다른 사람에게는 그렇지 않을 수도 있음에 유의해야 한다.

가족 구성원은 각자 자기만의 치약을 써야 한다. 치약 튜브에 칫솔모를 댈 때 병원균이 옮겨질 수 있으니 주의해야 한다. 이때 치약 튜브는 박테리아 매개자 역할을 하기도 한다. 사용 후에는 칫솔모를 구강청결제에 담가 씻기를 권한다. 그 다음 일회용 냅킨으로 물기를 말끔히 없애자. 어떤 사람들은 식기 세척기를 사용하는데 이것도 좋은 아이디어이다. 칫솔은 최소 3개월마다 또는 감염되었다고 판단될 때마다 새 것으로 바꾸도록 하자.

칫솔 관리 요령

각 가정마다 적어도 일주일에 한번 가족 구성원 모두의 칫솔을 모아 구강청결제나 알코올류를 통해 10~20분 이상 담가서 소독을 해주길 바란다.

특히 유아의 칫솔은 자주 해주는 편이 좋다. 요즘은 칫솔 전용 소독살균기가 시중 마트에 가면 판매되고 있다.

첫째, 먹다 남은 소주와 같은 알코올이 20% 정도 이상 함유된 술로 해도 된다.

둘째, 베이킹 소다나 소금을 활용해도 좋다.

셋째, 열탕소독이나 전자레인지 소독도 괜찮다.

화장실 볼일 보기 전후 손씻기

불결함은 우리가 전혀 예상하지 못한 곳에 있는 법이다. 당신 같으면 알지 못하는 누군가가 더러운 손으로 당신 성기를 만지면 가만히 있겠는가? 그런데 이 경우 명확히 말하자면 이때 알지 못하는 누군가는 바로 당신이다. 당신이 바로 무지의 가해자이자 동시에 피해자다.

2016년 8월에 시행된 과학적 연구결과가 그 진상을 규명했다. 즉 화장실에서 소변보기 전에 여러 사물 표면을 만졌을 때 생길 수 있는 미생물학적 위험성을 의미한다. 위에서 언급한 파스퇴르 연구소 미생물학부서 책임자인 미셸 비알레트가 이 연구를 담당했다.

화장실에서 소변이나 대변을 본 후에는 반드시 손을 깨끗이 씻어주길 바란다.

일상생활에서 참고할 만한 과학적 연구

공중화장실에 들어가면 사람들은 자신의 생식기와 접촉하기 전에 여러 사물을 만지게 된다. 위 연구의 목적은 여러 물건 표면의 미생물학적 비중을 측정해 박테리아나 효모균으로 인해 생기는 위험 요소를 측정하는 것이다. 박테리아나 효모균은 생식기 감염을 비롯해 피부 감염, 비뇨기 감염을 일으킬 수 있다.

1) 장비와 방식

사람들은 화장실에 들어가서 볼일 보기까지 다음과 같은 곳을 만지게 된다. 위 연구 대상이기도 하다.

- 공공화장실 진입문 바깥 손잡이
- 화장실 전등 스위치

- 개별 화장실문 바깥 손잡이나 문짝

이때 두 종류의 미생물을 생각해 볼 수 있다.

- 피부 감염을 일으킬 수 있는 효모균인 칸디다성 곰팡이균
- 비뇨기 감염을 일으킬 수 있는 엔테로박테리아균(대장균, 클레브시엘라, 프로테우스균 등)

병원균(엔테로박테리아균, 효모균, 곰팡이)만 따로 증식하게 만든 특수 표면의 우무 성분 박지로 미생물을 채취했다. 테스트할 표면에 우무 박지를 몇 초간 대고서 세균을 채취했다. 그 다음 박지를 섭씨 37도(엔테로박테리아균) 또는 22.5도(효모균) 상태로 유지 보관했다.

2) 결과

미생물 채취는 2016년 8월 고속도로 휴게소 내부 화장실에서 이루어졌다. 176개의 표본을 채취했는데, 이중 89%는 공공화장실 내 개별 화장실문 바깥 손잡이의 것이고, 7%는 화장실 현관문(여러 개의 개별 화장실이 갖춰져 있는 공공화장실의 현관문) 손잡이의 것이며, 나머지는 여러 사물(스위치, 문짝) 표면의 것이다. 또 전체의 52%는 여성용 화장실에서, 30%는 남성용 화장실, 18%는 남녀공용 화장실에서 채취했다.

176개 표본 중에서 26개, 즉 15%는 엔테로박테리아균에 감염되어 있었다. 95% 표본오차로 치면 엔테로박테리아균에 감염된 화장실 비율은 9.5%에서 20% 수준이다.

다음은 효모균이다. 176개 표본 중에서 5개 즉 2.8%가 감염되어 있었다. 그래서 효모균에 감염된 화장실은 0에서 5% 사이이다. 효모균 중

에서 칸디다성 곰팡이균은 확인되지 않았다.

3) 결론

위염의 원인이기도 한 엔테로박테리아균은 위염이 전염될 때와 상관없이 여러 표본에서 검출되었다. 조사를 통해 공중화장실 문손잡이의 10~20% 가량이 사람에게 병을 일으킬 수 있는 엔테로박테리아균에 감염된 것으로 파악되었다.

마찬가지로 생식기 접촉 전에 먼저 만지게 되는 공중화장실 사물 표면에 효모균도 존재했다. 그렇지만 특별히 효모균의 일종인 칸디다성 곰팡이균의 감염 여부는 확인할 수 없었다.

4) 볼일 보기 전에 손 씻는 것이 더 낫다

남성이든 여성이든 소변보고서 손을 씻는 것이 일반적이다. 하지만 소변에는 비뇨기 감염 이외에는 어떤 병원균도 들어있지 않음을 강조하고 싶다. 만약 어떤 남성이 소변보고서 손을 씻지 않는다면, 손에 묻은 소변 몇 방울만이 위험 요소가 될 뿐이다. 소변은 무균 분비물이라 할 수 있는데 세균으로 인한 위험이 알려진 적은 없다. 볼일 보고 손 씻는 것은 단지 무의식적으로 예의를 차리는 것일 뿐이다.

반면 소변보기 전에 손을 씻는 것은 건강한 행위이다. 실제로 손에는 세균, 박테리아, 균류, 바이러스가 엄청나게 많이 존재한다. 호흡, 피부, 소화기 쪽으로 생기는 너무도 많은 감염 사례는 더러운 손이 매개체 역할을 해서 생긴 것이다.

당신의 손이 더러운 사물 표면과 접촉하거나 의심스러운 손과 악수를 했다고 치자. 그런 손으로 화장실에서 당신의 생식기를 만질 수가 있을 것이다. 이렇게 더러운 손은 당신의 생식기 표피로 직접 병을 옮길 수 있다. 일종의 자동오염원인 셈이다. 드물기는 하지만 구강포진 바이러스나 무사마귀 바이러스가 손이 매개체가 되어 생식기로 옮겨질 수도 있다.

성관계와 아무런 관련 없이 생식기 감염의 원인이 되는 병원균이 검출되었을 때, 많은 사람들은 화장실 변기 탓을 하곤 한다. 사실 변기는 아무런 상관이 없다. 연구 결과, 변기의 앉는 부위는 휴대폰, 안경, 리모컨보다 더 깨끗했다. 반면에 더러운 손이 감염의 원인이 될 수 있다. 만약 생식기 표피에 아주 미세하나마 상처가 있다면 감염 위험성은 훨씬 더 높아진다.

특히 생식기 포진 바이러스는 전염성이 아주 강하다. 현재 생식기 포진은 많은 사람들에게서 재발되고 있는 바이러스성 질환이다. 남성과 여성 모두 걸릴 수 있는데 일단 감염되면 완전한 치유가 불가능하다. 소강상태와 발병상태를 반복하면서 평생 짊어지고 가야 하는 질환이다. 다만 약으로 치료한다면 재발 빈도수를 줄일 수는 있지만, 바이러스는 없애지 못한다.

결론적으로 소변보기 전과 후 모두 손을 씻어야 한다. 우리는 문손잡이, 변기 물 내리는 부분, 수도꼭지, 물비누 누름단추 등 박테리아가 들끓는 수많은 사물을 만지기 때문이다.

'화장실 잘 이용하기' 어드바이스

● 남성을 위한 조언

일반적으로 남성은 가정에서 소변보러 화장실 갈 때 소변 방울이 떨어지지 않도록 변좌(앉는 부위)를 들어 올리고서 볼일을 본다. 하기야 여성들은 반대로 변좌를 내리는 것조차 성가실 때도 있다. 변좌를 들어 올릴 때 한쪽 손가락만 밑에 넣고 올리자. 변좌 아래 부분은 더러울 때가 더 많은데 청소를 잘 하지 않아서 그런 것이다. 윗부분과는 반대로 그야말로 병원균의 온상이다.

변좌를 한쪽 손으로 올린 후 그 손으로 페니스를 잡은 채 소변을 보기도 하는데, 잠재적인 감염은 이렇게 해서 발생한다. 당신 손가락이 병원균을 페니스로 전달한 것이다. 이런 불필요한 위험 요인을 없애기 위해 한쪽 손(왼손)으로 변좌를 올리고, 다른 손(오른손)으로 페니스를 만지길 바란다. 이런 생활습관으로 병원균에 감염되는 일을 방지하도록 하자. 이 점은 아주 중요하다. 소변보기 전에 페니스를 만질 때 손가락은 상처 나기가 더 쉽고, 감염이 잘 이루어지며, 피부가 더 얇고 예민한 귀두 부분을 만지게 되기 때문이다.

대변보러 변기에 앉으면 반사적으로 이런 행동을 하는 남자들이 있다. 즉 페니스가 변기 안쪽과 접촉되지 않도록 한쪽 손으로 페니스를 가린다. 소변보기 전에 손을 씻어야 되는 또 다른 이유다.

● 여성을 위한 조언

여성인 당신은 탐폰(지혈이나 분비물을 흡수시키는 삽입형 생리대)이나 생리대를 교환하기 전에 손을 깨끗이 씻을 것이다. 요실금 생리대나 소변패드를 사용할 때도 똑같이 손 씻기를 권한다. 더러운 손가락으로 생식기 부위를 만지면 세균 증식을 일으킬 위험이 있다. 손가락이 페트리 접시(세균 배양에 사용되는 실험 그릇)에 세균 배양이 일어나도록 사용하는 솔과 똑같은 역할을 하게 된다.

손씻기는 질염에 걸리지 않도록 하는 위생적 행동이다. 마찬가지로 나는 항상 남녀가 성관계를 하기 전에도 손씻기를 권하고 있다. 그래야 외부 병원균이 생식기에 옮겨지는 것을 막을 수 있다.

몸 구석구석 씻기

1) 일본 사람처럼 등씻기

일본인 가정의 욕실을 들여다보면 등을 비누칠하고 씻는 데 쓰는 기다란 브러시를 발견할 수 있다. 이 도구를 일본 사람들은 '고시고시'(일본어로 물건을 비벼대는 의성어. '싹싹', '북북')라고 부르는데, 위생적으로 탁월한 등 브러시이고, 다루기도 아주 쉽다. 그런데 샤워실에서 목욕 때 수건(스펀지)을 사용하고 나면 하루 종일 축축한 채로 있게 마련인데, 이 등 브러시도 청결하게 유지하지 않으면 마찬가지로 세균 저장창고가 될 수 있다. 등 브러시를 사용할 상황이 안 되면, 손으로 등에 비누칠을 하고 씻어내도록 하자. 등을 깨끗하게 하는 데 이러한 방법이 더 쉬울 것 같다.

2) 배꼽은 세균의 온상

집게손가락을 배꼽 속에 넣고 나서 냄새를 맡아보라. 분명히 안 좋은 냄새가 날 것이다. 배꼽은 세균번식의 이상적인 장소다. 목욕 때수건으로도 어찌할 수 없는 이 작은 구멍은 물기 몇 방울만 들어가도 충분히 박테리아가 잘 증식할 수 있다. 세균 배양액이 따로 없다! 배꼽 속에는 수백 종류의 박테리아가 몸의 다른 부위를 점령하려고 뛰쳐나올 만반의 태세를 갖추고 있다. 겨우 평균 지름 2센티미터 하는 배꼽 안에 엄청난 밀도의 세균들이 득실거린다.

배꼽을 잘 씻기 위한 가장 효과적인 방법은 바로 면봉을 사용하는 것이다. 면봉에 바디 클렌저를 약간 묻히고서 배꼽을 청소한 다음 물로 씻는다. 그리고 꼭 건조시켜야 한다. 적어도 일주일에 한번 정도 청소해주면 배꼽을 깨끗하게 유지할 수 있을 것이다.

발씻기에 더 신경을 써라

발가락 사이 공간은 매일 비누칠하고 씻어낸 다음 잘 말려야 한다. 이곳은 박테리아와 균류가 아주 좋아하는 곳이다. 발씻기를 잊어버리고 생략하면 위험해질 수 있는데, 발 냄새는 물론이고 진균증으로 발전할 수 있다. 발가락도 잘 말려서 습기를 완전히 없애고 사상균증(무좀)을 예방하도록 하자.

이렇게 하지 않았다고 죄의식을 갖지는 마라. 실제로 꼼꼼하게 잘 씻는 사람들은 드물고 그게 오히려 일반적이다. 바닥이 비눗물 범벅인 샤워실에서는 균형을 잘 잡고 서 있자. 넘어져서 다치기 쉽기 때문이다. 실제로 욕실에서 넘어지는 사고가 생각보다 흔하다. 세계적으로도 넘어지거나 추락해서 사망하는 경우가 사고사의 두 번째를 차지할 정도다. 50세 이상의 중년·노년층 중 넘어진 경험이 있는 사람들의 81%가 자택에서 그런 경험을 했고, 그중 46%가 욕실에서 경험했다.

그래서 욕실의자를 추천한다. 물과 비누에도 영향을 받지 않는 모델을 쉽게 찾을 수 있다. 욕실의자는 위생상으로도 불쾌감을 없애기 위해서라도 필수적이다. 앉아서 신어볼 데가 없는 신발 가게를 상상해 보라. 신을 신어 보다가 넘어질 수도 있어 아주 불쾌하고 난처해질 것이다. 그래서 한 켤레도 신어 보지 못하고 그냥 나올 것이다. 욕실에서 앉아 있으면 아주 편안하게 발을 씻을 수 있고 스트레스 없이 침착하게 샤워할 수 있을 것이다. 샴푸로 머리를 감을 때 머리에 마사지할 여유까지 생겨 긴장을 이완시킬 수도 있을 것이다.

매일 샤워해야 하는가는 물론 상황에 따라 다르다. 날씨가 무척 더워서 땀을 많이 흘렸다면 당연히 샤워해야 한다. 그런데 일상적으로는 어떻게 해야 할까? 매일 샤워하는 것을 습관으로 삼아야 하는가? 아니면 목욕수건으로 은밀한 부위, 겨드랑이, 손과 발 정도만 씻는 것으로 그치면 될까?

우리 몸을 보호하는 피부 표피에는 지질막과 박테리아들이 존재하는데 바로 각질층 부위다. 너무 자주 샤워를 하면 염증과 박테리아 불균형을 유발할 위험성이 있다. 하루에 한번 샤워하는 것이 위생과 각질층 보호 양쪽을 위해 적절한 횟수다. 너무 자주 씻어야 한다는 강박증에서 벗어나자.

Tips

욕실 사용할 때 주의사항!

절대로 밖에서 신고 다녔던 신발을 신고 욕실에 들어가지 마라. 그렇게 들어가서 신발과 양말을 벗으면 욕실 여기저기를 개똥 병원균을 비롯해 기타 길에서 묻은 다른 병원균으로 오염시키게 될 것이다.

그렇게 씻고서 침대로 오면 침대 시트에도 병원균을 퍼뜨리게 될 것이다.

대변 본 후 청결하게 관리하기

이제 '실례가 되는 거라서' 보통 사람들이 잘 꺼내지 않는 은밀하고도 터부시되는 주제를 다루려고 한다. 의사로서 나는 건강과 관련해서는 어떤 터부도 상관하지 않고 말한다. 바로 대변보고서 항문 주위를 잘 씻자는 말을 하려고 한다. 다소 불쾌할 수 있겠지만 알고 있으면 무척 유익할 것이다.

1) 휴지와 비데 활용법

모든 사람이 대변을 볼 때 휴지만 쓰는 것은 아니다. 물론 대부분 수세식 화장실과 휴지를 이용하지만 요즘에는 청결을 위해 비데를 선호하는 사람도 많다. 생태학적 차원을 떠나서 위생상으로는 어느 쪽이 더 나을까?

어쩌다 당신 팔이나 손에 대변이 약간 묻었다고 상상해 보자. 당신은 티슈로 닦아서 대변을 없앨 생각이다. 물이나 비누는 사용할 수 없는 상황이다. 티슈로 닦은 다음 가까이 들여다보자. 당신은 손이 아주 더럽다고 생각할 것이고, 현미경으로 아주 가까이 들여다볼 수 있다면 병원균 무더기를 발견할 수 있을 것이다.

항문 주위나 여성 외음부 근처의 피부는 아주 민감하다. 이 부위는 눈 밑 부분이나 입술 피부막처럼 예민하다. 게다가 상처 나기 쉬운 체내 점막, 즉 항문과 직장 내부, 질과 연결된 부위다.

이건 상식의 문제다. 이 민감한 부위를 휴지로 여러 번 문질러 닦아내면 금방 붉은 반점과 염증이 생길 수 있다. 바로 당신이 여성이라면 대변이나 소변을 보고 난 후 휴지로 닦았을 때 일어날 수 있는 일이다. 사람마다 대변보는 횟수가 크게 다르다는 점을 강조할 필요가 있겠다. 하루에 3회에서 일주일에 3회 사이면 정상이다. 그러니 횟수를 걱정할 필요는 없다.

휴지로 문질러 닦아내는 뒤처리는 항문 주위에 묻어 있는 대변을 없애는 것만으로 끝나지 않는다. 휴지로 반복해 마찰하게 되면 항문 주위의 예민한 피부에 미세한 상처가 생기고 그 속으로 박테리아와 바이러스가 스며들게 된다. 그 결과 간찰진(습진성 질환)이라는 피부질환에 걸릴 수 있다. 이 부위 피부가 감염되면 붉은 반점들이 생기고 때때로 가려움증도 생기며 가볍게 욱신거리거나 불쾌감도 느껴진다. 이러한 피부질환은 포도상구균, 대장균, 연쇄구균, 칸디다균 등의 병원균과 관계가 깊다. 하루를 보내면서 항문 주위에 땀이 차면 세균이 득실거리기 딱 좋은 상태가 된다.

통풍이 잘 안 되는 옷차림이라면 상황은 더 심각해진다. 이때 병원균이 번식하기에 필요한 습도, 열기, 시간 등 모든 조건이 갖춰지게 된다. 꽉 끼는 속옷, 몸에 착 달라붙는 바지를 입거나 여름철일 때에는 이런 상태가 증가한다. 항문 주위에 염증이 생기면 그 주변 부위에도 질병을 유발할 수 있어서, 질이나 비뇨기 감염, 항문 부위가 찢어지게 되는 항문 감염이 일어날 수 있다. 소변 본 후에 휴지를 쓰는 경우에는 남성보다 여성이 훨씬 더 위험하다. 선택의 여지가 없다면 소변 본 후에 휴지로 문지르지 말고 휴지를 갖다 대어 소변 잔여물을 흡수하길 권한다. 대변 본 후에는 휴지로 항문 주위를 앞에서 뒤쪽으로 닦아내라. 그래야 질 속으로 병원균이 들어가지 않는다.

2) 항문 주위를 깨끗하게 유지하기

감염 위험과는 별개로 항문 주위의 세균 번식으로 생기는 불쾌한 냄새도 언급해야 하겠다. 이 냄새 때문에 성관계에 지장이 있을 수 있는데, 섹스와 후각은 아주 밀접한 관계가 있기 때문이다. 후각도 일종의 성적 자극제여서, 항문 주위에서 불쾌한 냄새가 나면 성욕이 떨어지게 마련이다. 심하지는 않더라도 간찰진을 앓고 있으면 성관계할 때 거부감이 생길 수 있다. 나는 여성들에게 샤워를 하고 나서도 질 부위에 불쾌한 냄새가 의심스럽다면 간단한 테스트를 해보라고 권한다. 손을 씻은 후 질 안으로 손가락 하나를 넣어 보고 나서 그 손가락 냄새를 맡아보는 것이다. 불쾌한 냄새가 난다면 손을 씻고서 의사에게 신찰받아라. 어떤 질 냄새는 잠재적으로 감염이 되었음을 나타내는데, 생선 비린내가 난다면 질 칸디다증(모닐리아증이라고도 함)을 의심해볼 수 있다. 질염은 바로 치료해야 한다. 그렇지 않으면 염증 상태가 지속되어 질 점막이 점점 더 악화되기 때문이다. 나는 의사 처방 없이 비누나 질 세정제로 질 안을 세척해서는 안 된다는 점을 상기시키려고 한다. 질 내부 미생물의 균형이 깨지고 역효과, 즉 더 감염되기 쉬운 환경이 될 수 있기 때문이다.

Tips

잦은 질 세척의 부작용

질 위생과 관련된 아주 놀라운 사실을 미국 과학자들이 알아냈다. 과학자들은 난소암과 규칙적인 질 세척의 상관관계를 밝혔다. 즉 규칙적으로 자주 씻으면 난소암에 걸릴 위험이 두 배로 커진다는 것이다. 질 안을 씻으면 보호막 역할을 하는 천연 분비물들을 감소시켜 병원균에 감염될 위험이 증가한다. 그렇게 감염이 되면 염증을 유발하고 암에 걸릴 위험도 커진다. 또 질 세정제에 들어 있는 화학성분이 생식기의 호르몬 균형을 변화시켜 생식기암에 걸릴 위험이 커진다. 이런 유형의 위험은 베이비파우더의 일종이자 여성청결제로도 쓰는 탤컴파우더와 관련해서도 언급된 적이 있다. 파우더가 질 점막과 혼합되기 때문이다.

1972년 프랑스에서 36명의 신생아들이 모랑쥬 산(産) 활석 성분이 든 베이비파우더를 사용하다 숨진 사건이 있었다, 이 파우더에는 강력한 살균제인 헥사클로로펜 성분이 과다하게 들어 있었다. 이 파우더의 상징적 이미지는 하얀색과 비활성(다른 화합물과 쉽게 반응하지 않는 성질)인데, 위생을 내세우고 염증을 제거한다는 것을 보여주려 한 것 같다. 이런 현실을 살펴볼 때, 광고를 통해 어떤 상품의 외양적 측면을 신뢰해서 그 상품이 해가 없다고 규정해 버리면 안 된다는 것을 깨닫게 된다. 우리 몸의 자연스런 방어 체계가 작동하는 한 우리 몸을 지키도록 해야 한다. 우리 몸의 자원들을 존중하고 지키는 일은 우리 개개인의 생태학과 지속가능한 발전을 위하는 길이다.

만약 당신이나 파트너가 거울을 보고서 항문 주위 주름살 부위가 붉게 달아오른 것을 확인했다면 역시 의사에게 진찰을 받고 적절한 약을 처방 받아라. 물과 비누로 씻는 것만으로는 붉은 반점들을 제거할 수 없기 때문이다.

그렇다면 어떻게 하면 항문 주위를 항상 청결하게 유지하여 질염을 예방할 수 있을까? 가장 이상적인 것은 화장실에서 볼일을 보고서 물과 비누를, 또는 최소한 물이라도 사용하는 것이다. 그런 연유로 많은 나라에서 항문을 씻기 위해 변기 옆에 미니 샤워기와 같은 작은 물 분사 노즐을 설치해 놓고 있다. 일본 화장실에는 사람이 앉아 있는 동안 항문 쪽으로 미지근한 물을 뿌리고, 볼일을 보고 나면 통풍과 건조도 해주는 장치가 많이 설치되어 있다. 사실 항문 주위를 물로 씻고서 잘 건조시켜야 하는데, 병원균이 습기를 아주 좋아하기 때문이다.

많은 나라에서는 항문 주위를 씻기만 하고 생식기는 씻지 못하는 비데(유럽식)를 고수하고 있다. 미국에서는 화장실을 가리킬 때 'bathroom', 즉 '욕실'을 뜻하는 단어를 사용한다. 나는 미국 가정집 욕실 안에 좌변기가 있는 것을 종종 목격하곤 했다. 볼일을 본 후에 쉽게 씻을 수 있도록 말이다.

변기 근처에 물이 없을 때가 문제다. 휴지밖에 없다면 무엇보다도 거칠게 항문을 닦아내서는 안 된다. 민감하고 예민한 피부가 상처입지 않도록 부드럽게 닦아야 한다. 아니면 낱개로 포장된 아기용 물티슈를 사용해도 좋은데 닦고서 잘 마르도록 신경을 쓰사. 물티슈를 쓰면 항문 주위의 상처입기 쉬운 피부를 보호하면서 부드럽게 닦을 수 있다. 또 물티슈는 외출 중일 때 요긴하게 꺼내 쓸 수 있다. 제일 좋은 것은 아침에 외출하기 전이나 저녁에 집에 돌아와서 볼일을 보는 습관을 지니는 것이다. 볼일을 보고서 바로 씻을 수 있어서 위생적으로 가장 바람직한 방법이다.

Tips

기초적인 두 가지 질문에 대한 답변

Q 남성이 소변볼 때 서서 하는 것과 앉아서 하는 것 중 어느 쪽이 더 좋은가?

이 질문은 과학 연구의 주제가 되기도 했다. 결과는 명쾌하게 나타났다. 어떻게 하든 건강에는 아무런 영향도 끼치지 않는다는 것이다. 단지 개인의 취향 문제일 뿐이다.

Q 대변보고 나서 항문 주위를 휴지로 닦을 때 앉은 자세와 선 자세 중 어느 것이 바람직한가?

나는 선 자세를 권하고 싶다. 위에서 언급한 이유 때문이기도 하고 다른 이유도 있다. 첫째 장점으로 선 자세로 닦으면 변기 안의 대변 상태와 변 묻은 휴지를 동시에 살펴볼 수 있다. 즉 변 상태가 건강한지 아닌지, 의사와 상담할 것은 없는지 당신이 제일 먼저 확인하게 된다. 예를 들어 휴지에 피가 묻어 있다든가, 변 색깔이 검거나 너무 노랗지는 않은지 등등. 두 번째 장점은 물 튕김 현상을 피할 수 있다는 것이다. 앉은 자세에서 씻게 되면 앉은 자세 특성상 변기 안에 압력이 더해진다. 그럴 때 변기 물을 내리면 원래의 압력과 더해진 압력으로 분무 현상이 발생해, 대변과 물속에 있던 병원균들이 튀어 올라 항문 주위와 생식기에 묻게 된다.

행주와
침대의 관리

1) 침대 시트의 청결

당신 같으면 모르는 많은 사람이 잠을 잔 더러운 침대 시트 위에서 잠잘 마음이 생기겠는가? 당연히 역겨울 것이다. 병원균을 주고받는 것은 어쩌면 러시안룰렛을 하는 것과 비슷하다. 예를 들어 어떤 사람이 포도상구균 같은 박테리아의 보균자이지만 건강하다면 어떤 문제도 생기지 않는다. 그러나 일단 박테리아가 다른 사람에게 옮겨진다면 그 사람은 병에 걸릴 수 있다.

우리 모두가 똑같은 면역 체계를 지니고 있는 것은 아니다. 우리는 저마다 서로 다른 독특한 유전 암호를 지니고 있다. 과학자들은 살모넬라균에 민감한 유전자가 존재한다는 사실까지 밝혀냈다. 덕분에 두 사람이 같은 상한 음식을 먹었는데 한 사람은 병에 걸리고 한 사람은 그렇지 않은 이유를 이해할 수 있게 되었다.

당신도 모르는 사이에 더러운 시트에 들어갈 수도 있다.

2) 모든 것을 더럽히는 행주

생고기와 과일 샐러드로 식사 준비하는 과정을 모델로 삼아 연구한 미국의 스니드 박사는 식사 준비를 위해 사용한 행주에는 주방 휴지통 덮개 손잡이에서보다 더 많은 병원균이 존재한다고 말했다.

이유는 간단하다. 주부는 요리하면서 한 가지 일에서 다른 일로 넘어갈 때 행주로 무의식적으로 반복해서 손을 닦는다. 두 가지 일을 하는 사이에 손을 청결하게 씻기는 힘들다. 그 결과 행주는 습기와 열기를 받은 병원균의 전달 매체로 변신하고, 급기야 다음 음식 재료를 오염시킬 병원균의 온상이 되어버리고 만다. 주부가 행주로 손을 닦을 때마다 준비 중인 다음 음식 재료를 오염시키게 될 것이다. 내가 권하고 싶은 말은 간단한다. 매끼 식사준비를 하는 사이에 물로 손을 정성껏 씻거나 아니면 키친타월을 사용하라는 것이다.

청소와 정리정돈의 후광효과

먼지 한 스푼의 분량에 1,000개의 진드기와 250,000개의 배설물 덩어리가 있다는 사실을 안다면, 건강을 위해 정성껏 청소하는 것이 중요함을 이해할 수 있을 것이다. 이따금 작디작은 발암성 입자가 먼지 속에 달라붙기 때문에, 우리가 심호흡을 하기 위해 들이쉬는 공기 속에서도 발암성 입자들이 발견된다.

집에서는 매일 모든 방을 적어도 10분 이상 환기시켜야 한다. 환기시키면 실내에 떠다니는 해로운 미립자들을 제거할 수 있다. 예를 들면 오븐이나 토스터에서 나오는 벤조피렌, 작동 후 끄지 않은 레이저 프린터에서 나오는 나노입자들 등이다.

담요도 햇볕과 바람에 쐬게 해야 한다. 가능하면 겨울에 침대 매트리스를 밖에 내놓자. 진드기는 추위를 아주 싫어하고 섭씨 0도에서 죽어버린다.

레몬향 나는 청소

당신이 먹을 음식이 들어가는 전자레인지를 지저분한 상자라고 생각할 수 있다. 전자레인지 속을 전혀 청소하지 않았다면 말이다. 음식이 익으면서 음식 찌꺼기들이 쌓여 병원균의 온상이 만들어지고, 급기야 미생물들이 신선한 식품에 마구 달라붙을 수 있다. 또는 남아 있던 빵 부스러기들이 검게 타, 다음에 들어갈 음식에 발암성 연기를 제공할 수 있다. 마찬가지로 충분히 씻지 않은 가정용 화학제품(음식을 담기 위한)이 전자레인지 속에서 해로운 증기를 발산할 위험성도 있다.

그래서 전자레인지를 청소할 효과적인 방법을 소개하겠다. 레몬 한 개면 충분하다. 레몬을 디저트용 접시에 놓고 전자레인지 깊숙이 집어넣고서 1분 동안 작동시킨다. 그 다음 문을 열고서 전자레인지 속을 행주로 문질러 깨끗이 닦는다. 이제 전자레인지는 예전처럼 깨끗해졌을 것이다.

집안 청소를 하면 만족감도 바로 생긴다. 실내가 깨끗하고 잘 정돈되어 있으면 깊은 생각을 하고 더 잘 휴식을 취할 수 있다. 그날 할 청소를 그 다음날로 미루지 마라. 매일 15분 정도 청소에 할애하라.(개수대, 식기류, 먼지, 오래된 잡동사니 등) 그래야 뒤치다꺼리를 쌓아놓아 집안을 뒤죽박죽으로 만들어놓는 일이 없을 것이다.

Tips

효율적인 청소 주기

–침대 시트 빨래 : 최소한 일주일에 한 번

–세면대, 개수대, 샤워 꼭지 청소 : 매일

–식기 세척기 청소 : 매달

–변기 청소 : 매일

–세탁기 청소 : 1년에 한두 번

–매트리스 청소 : 6개월마다

–양탄자 청소 : 3개월마다

–컴퓨터 청소 : 매일

–베개 빨래 : 6개월마다

–냉장고 청소 : 한 달에 두 번

–휴대폰 청소 : 매일

–화장실 청소 : 최소 일주일에 두세 번

좋은 물의 기준(조건)

물은 인체의 약 70%를 차지하며, 세계보건기구에서는 하루 1.5~2리터 이상의 물을 섭취하라고 권장하고 있다. 체내에 들어간 물은 몸 밖으로 빠져나가는데 대략 1개월이 소요된다고 한다. 물은 인체 내의 신진대사 촉진, 영양소의 공급, 노폐물의 배출 따위에 결정적으로 작용한다.

그럼, 좋은 물은 어떤 기준에 의해 결정되는가?

(국제보건기구의 협력기관인 NSF에서 인증한 정수기)

-오염되지 않은 생수일 것

-미네랄(무기질)이 함양이 적당할 것

-유해한 미생물(바이러스, 박테리아)이 없을 것

-용존 산소가 풍부할 것

-PH 7.35(약 알칼리) 수준일 것

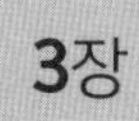

3장

내 몸은 내가 지킨다

"병을 치료하는 가장 좋은 방법은 병이 치료된 것처럼 행동하는 것이다."
–프랑수아 에르텔

당신이야말로 스스로의 최고 의사다.

요즘 어떤 가정에서는 '주치의'를 두고 특별 관리하는 걸 종종 목격하기도 하지만 일반 서민의 입장에서는 언감생심에 불과하다. 독자 여러분이 건강에 관한 무언가 올바르고 현명한 판단을 내리기 위해서는 우선적으로 건강 기초지식과 정보를 쌓아두어야 한다.

자기 자신에 대해서 누구보다 잘 알 수 있는 사람은 바로 '나'다. 나아가 가족 가운데에서도 누군가 한 명은 지혜로운 주치의가 될 필요성이 있다.

나는 달리 선택할 방법이 없을 때에만 약을 처방한다. 그래도 약을 처방할 때 가능하면 최선의 효과가 나도록 한다.

대개의 경우 약을 제시간에 맞춰 복용해야 효과가 훨씬 크고 부작용도 적다. 여러 연구 결과를 보면 고혈압을 치료할 때 약은 저녁에 복용하는 것이 더 낫다고 한다. 심혈관 질환의 돌발사고 위험을 줄이면서 훨씬 더 큰 효력이 발생한다고 밝혀진 것이다. 참고로 서 있을 때 혈액 박출량은 분당 5리터, 누워 있을 때 분당 6리터 정도이다. 소염제는 식사할 때 먹어야 부작용이 덜하다. 그래야 소염제가 소화 점막을 손상시키지 않는데, 음식이 일종의 제동장치 역할을 하기 때문이다. 부신피질호르몬인 코르티손은 아침 8시경에 복용하는 것이 바람직한데, 이 시간 대에 최대 효과를 발휘한다.

나는 환자들이 약 처방 없이도 회복될 때 아주 행복하다. 진료실에 들르기 전에, 집에서 실행하여 건강 문제를 잘 해결할 수 있는 수많은 기법들이 있기 때문이다.

예방이 최선의 치유책이다

예방은 의학의 기본적인 축이다. 건강의 전초 기지에서 대비를 잘 하고 있다가 좀 더 일찍 병을 알아차리면, 신속하게 치료할 수 있고 치료 기간도 단축할 수 있으며 병이 나은 다음의 경과도 좋게 할 수 있다. 그렇다고 건강검진을 하기 위해 날마다 병원에 갈 수는 없는 노릇이다. 그래도 당신을 매일 진찰해 의심되는 몸 상태의 변화를 알려줄 누군가가 있다. 그건 바로 당신이다.

1) 일광욕의 효능

햇빛은 비타민 D의 주된 공급원이다. 비타민 D는 우리 몸에 꼭 필요한 요소라서, 비타민 D가 부족하면 심혈관 질환과 암에 걸릴 위험이 커지고 성욕이 떨어질 수 있다. 혈액검사를 하면 부족 여부를 알 수 있다.

물론 비타민 D가 부족하면 의사가 약 처방을 해줄 것이다. 그래도 되지만 매일 10여분 동안 햇볕을 쬐는 것으로 비타민 D를 재충전할 수 있다는 점을 명심하길 바란다. 집안에서 전등 불빛을 받아도 일광욕 효과를 얻을 수 있다. 북유럽 사람들이 이 방법을 많이 사용한다.

2) 팔에 난 점 갯수

흑색종은 아주 위험한 피부암이다. 일찍 발견해 치료하면 경과가 아주 좋지만 늦게 발견하면 악성으로 진행된 상태일 수 있다. 흑색종에 걸리지 않으려면 옷, 모자, 선크림 등으로 햇빛을 차단하고 너무 오래 햇볕을 쬐지 않아야 한다. 피부에 난 점이나 모반이 피부암의 위험 요소여서, 흑색종 발병의 20~40%는 모반에서 시작된다.

영국 과학자들이 수천 명의 임상실험 대상자를 통해 주의를 필요로 하는 점의 '결정적인' 갯수를 알아보았다. 연구 결과 오른팔에 11개 이상의 점이 있으면 아주 위험한 상태일 수 있다는 사실을 밝혀냈다. 과학자들은 몸에 추가적으로 점이 하나씩 더 있을 때마다 흑색종에 걸릴 위험성이 2~4% 증가한다는 점도 확인했다. 오른팔에 11개 이상의 점이 있다면, 몸의 다른 부위에 100개 이상의 점이 존재한다고 추측할 수 있다. 안전을 위해 위험 요소들, 즉 가족력, 빨강머리, 과거 햇볕에 화상을 입은 경험, 몸에 많은 점 등이 있다면 1년에 한 번씩 피부과에 갈 것을 권한다.

그래도 위안이 되었으면 하는 바람에서 한 연구 결과를 알려주겠다. 점이 많은 사람들은 말단소립(각각의 염색체 끝에 있는 DNA 부위, 텔로미어)이 더 길고 뼈 밀도가 더 높으며 평균 수명이 7년 더 길다.

3) 목둘레가 너무 두꺼우면 위험 신호

자신이 마르고 날씬한지, 건강 상태는 정상인지, 과체중 또는 비만인지를 알아보고 싶다면 현재 가장 잘 알려진 방법은 BMI(체질량지수)를 계산해보는 것이다. 몸무게(kg)에 키(미터)를 제곱한 수치로 나누면 된다. 이 계산에는 한계가 있다. 근육은 지방보다 훨씬 더 무거워서 근육이 잘 발달된 사람은 BMI가 과체중에 속하는 것으로 나올 수 있어서, 현실에 부합하지 않는다. 몸에 위험 요소가 있는지 알아보는 또 다른 방법이 있다. 비만과 심혈관 질환 위험성을 동시에 확인할 수 있는 새로운 지표다. 바로 목둘레다.

당신이 와이셔츠 칼라의 목단추를 채우지 못할 정도가 되었다면, 몸을 돌보지 않았다기보다 뜻밖의 순간에 수많은 질병에 걸릴 확률이 높아진 상태가 된 것이다. 실제로 목둘레 수치는 심혈관 질환, 당뇨, 고혈압, 몸에 좋은 콜레스테롤 저하, 수면 중 호흡정지 위험성과 무관한 지표이긴 하다. 세계적으로 이 주제를 다룬 연구가 많다.

목둘레 수치를 살펴보자. 연구 결과 6세 아이의 목둘레가 28센티미터 이상이면 과체중과 비만이 될 위험이 3.6배 커진다는 분석이 나왔다. 성인의 경우 여성은 목둘레가 36센티미터, 남성은 39센티미터 이상이면 심혈관 관련 질환이 발생하게 된다. 당신의 목둘레를 재보면 당신이 어떤 상태인지 알 수 있을 것이다. 수치가 높으면, 살을 빼고 운동을 해서 목둘레 수치를 낮춰야 한다.

4) 동맥이 나이먹지 않도록 케어하라

인간 몸 속 혈관의 총 길이는 10만 킬로미터를 웃돌아서, 지구 둘레의 2.5배다. 인간 몸 속에 촘촘히 걸쳐 있고, 각 기관에 혈액을 보내 산소와 영양분을 공급한다. 덕분에 각 신체기관은 제 기능을 발휘할 수 있다, 혈관에 때가 끼면 만족스런 활동과 건강에 지장을 초래한다. 즉 혈액 순환에 문제가 있으면 원래 나이보다 늙어 보이게 된다. 혈관이 건강하면 피부가 화사하고 안색이 좋으며 탄력성이 높아 주름이 잘 안 생긴다. 또 심장이 튼튼하고 뇌기능이 활성화되며(뛰어난 기억력과 지적 능력) 비교적 성생활도 원만하다. 또 정맥류와 허약한 정맥총 때문에 다리가 퉁퉁 붓는 증상을 피할 수 있다. 이제부터라도 규칙적인 생활을 시작해도 결코 늦지 않다.

힘들더라도 많은 노력을 기울여야 한다. 동맥이 온전해야 비만을 방지할 수 있고 호르몬 체계가 효율적으로 작동해 체중을 조절할 수 있기 때문이다.

혈관 잠재력을 극대화할 수 있는 구체적인 계획

1. 매일 동맥을 보호해주는 음식을 섭취하고, 동맥을 상하게 하는 음식을 피한다.
2. 매일 적어도 30분 이상 신체 운동을 해서 몸속 주요 기관들에 혈액을 원활하게 공급한다.
3. 스트레스, 담배, 집에만 틀어박힘, 비타민 D 부족 등과 같이 동맥을 점점 더 약화시키는 요인을 줄인다.
4. 충분한 성생활로 모든 긍정적 에너지를 모아서 만족감을 제대로 느껴본다.
5. 동맥을 재활성화시킬 수 있도록 충분한 시간과 바람직한 자세로 잠을 잔다. 더 좋은 방식이 있는지 알아본다.
6. 마사지, 명상과 같이 효율성이 입증된 행복 기법들을 적극 활용한다.

5) 신체 운동의 뜻밖의 효과

모든 신체 운동의 공통점은 운동을 하면 오래오래 건강한 상태로 생활할 수 있고 노화 방지를 효과적으로 할 수 있다는 것이다. 30세부터 근육 양이 계속 줄어들고, 50세부터는 그 속도가 가속화된다. 남자나 여자나 근육 운동을 하지 않는 사람은 50세와 70세 사이에 근육 양의 40%가 상실될 것이다. 근육 양의 상실이 처음 나타나는 부위는 팔인데, 미적인 것과는 아주 먼 '박쥐 다리 형상'을 띠게 된다. 근육은 몸의 골격을 이루고 몸의 활력에 기여한다. 근육은 골절 위험을 줄여주고 호흡량을 향상시킨다. 하루에 30분씩 멈추지 않고 신체 운동(빨리 걷기, 자전거 타기, 수영 등)을 하면 암, 알츠하이머병, 심혈관 질환에 걸릴 확률을 40% 이상 낮출 수 있다는 점을 명심하자.

신체 운동을 우선적으로 시행하라. 그것이 제일 급선무다. 삶의 질은 신체 운동에 달려 있다. 하루에 여러 번 하는 양치질처럼, 신체 운동을 제대로 또는 무의식적으로라도 해야 한다. 그러길 나는 바란다.

6) 경고 신호를 무시하지 마라

자연은 쉬지 않고 끊임없이 일한다. 우리도 항상 질병에 대비하고 있으면 어느 정도 질병을 제어할 수 있다. 즉 우리 몸은 밤새 우리를 돌보면서, 병에 걸릴 것 같으면 경고 신호를 우리 자신에게 알리는 보초 역할을 한다. 이렇게 우리는 무언가 몸에 이상이 있으녀 우리 자신이 제일 먼저 알아내고 그 다음 의사에게 알린다. 즉 이번엔 의학에서 '선질환(발생기전)'이라고 부르는 신경절(신경세포체들이 혹처럼 뭉쳐서 이룬 집합체)과 관련된 사항이다. 만약 림프 속 신경절의 부피가 커졌다면 전염병이나 암의 첫 신호일지도 모른다.

신경절의 본래 역할은 우리 몸을 방어하는 기능을 수행한다. 신경절은 우리 몸 세세한 곳의 면역을 책임지고 지켜준다. 신경절은 필요할 경우 림프구(감염원과 맞서 싸우는 백혈구)를 활성화시켜 면역이 지속적으로 유지되도록 해준다.

1개월에 한번은 몸을 씻고서 기본적인 점검을 해보자. 신경절 영역을 점검하는 것이다. 신경절을 찾아 만지면 작은 구슬처럼 느껴질 것이다. 몸의 여러 부위에서 신경절들을 찾아보자. 턱 아래, 목, 겨드랑이 아래, 쇄골 위, 서혜부(사타구니) 부위 등에 존재한다. 양쪽 옆구리도 정성껏 찾아보자. 이렇게 당신의 몸과 친해지는 시간을 갖자.

신경절의 존재를 확인했다고 당황하지 마라. 의사가 정확한 판단을 할 것이다. 신경절의 부피가 커지는 원인으로 유방암도 있지만, 턱 아래에 생겼다면 평범한 충치 때문일 수도 있다. 되풀이해서 신경절 찾는 일을 하자. 병을 좀 더 일찍 발견할수록 완치 가능성이 더 높아진다.

일상생활 속에서
몸 체크하기

이미 말했다시피 예방이 건강의 가장 기본적 요소다. 그런데 예방을 위한 아주 좋은 수단을 갖추고 있다면 병원에 가지 않고서도 일상 속 건강 문제들을 해결할 수 있다.

1) 손가락으로 몸 보살피기

침술을 다루려고 하는 것이 아니다. 해부학적으로 정확한 지점을 손가락으로 눌러서 강한 생리학적 반응을 일으켜, 약의 도움을 받지 않고도 통증과 불쾌감을 덜게 하려는 것이다. 이러한 방향으로 연구가 진척되고 있어서 건강의 새로운 희망이 열리고 있다.

마치 약국의 약품을 적절히 사용하는 것처럼 손가락 끝으로 누르는 방법을 잘 이용한다면 덜 고통스러워질 것이고, 대개의 경우 의사에게 덜 의존하게 될 것이다. 몸을 좀 더 자율적으로 다룸으로써 더 큰 자유로움을 느낄 수 있을 것이다. 손은 최소한의 치료도, 질병으로부터의 구제 수단으로도 활용할 수 있다. 가장 좋은 예가 심장 마사지다. 정확한 방법으로 정확한 부위를 반복해 누르면 한 생명을 구할 수 있다. 능숙한 사람은 정확한 움직임으로 탈구된 어깨를 되돌려놓을 수도 있다.

이런 극적인 상황은 아니더라도, 몸에 해를 끼치지 않으면서 손을 활용한 기법으로 효과를 본 사례는 무수히 많다. 몸을 자연적으로 치료하도록 정확한 지압지점과 체계적인 움직임을 알아둘 필요가 있다.

2) 여성의 요실금과 남성의 빈뇨

나는 몸이 점점 쇠약해지고 늙어버렸을 때 생기는 자잘한 불편을 중요시한다. 여성은 심하지는 않더라도 요실금 때문에 자신감을 상실하고 때때로 어쩔 수 없이 요실금 패드나 팬티를 착용한다. 이러한 보호대를 착용하면 자신감이 떨어지고 자아에 상처를 입기도 한다. 심적으로도 영향을 받게 된다.

남자는 나이를 먹으면서 생리적으로 전립선이 비대해진다. 그래서 소변 때문에 밤에 여러 번 일어날 수밖에 없고 일시적으로 수면 리듬이 깨질 수도 있다. 이후로 잠을 푹 자지 못하고, 하루가 시작될 때부터 피로를 느끼게 된다.

소변을 잘 보는 법

우선적으로 여성에게 조언하려고 한다. 제대로 소변보기 위해서는 서두르면 안 된다. 시간이 필요하다. 편안하게 변기 위에 앉아라. 처음 접한 화장실 변기를 사용할 때면 불안해서 어중간하게 앉는 사람도 있다. 이런 자세로 소변을 보면 방광을 완전히 비울 수가 없다. 걱정하지 않아도 된다. 생물학적으로 변기 위는 휴대폰보다 깨끗하다. 마음 놓고 앉아도 된다. 변기 위가 따뜻하면 더 좋다. 차가우면 근육이 수축된다.

소변을 볼 때, 방광 위 외부 근육을 손으로 마사지해 자극하면서 끝낸다. 소변을 다 보았다고 생각되어도 마사지를 계속 해준다. 일어서서 천천히 깊게 숨을 들이쉰다.(남성도 서서 미찬가지로 하면 좋다.) 이때 손으로 방광 위 외부 근육을 위아래로 약하게 눌러 주고, 그 다음 손바닥으로 작은 원형을 그리면서 눌러준다. 어떤 사람들은 방광 부위를 향해 가볍게 두드리기도 한다.

여전히 자주 소변보고 싶은 욕구가 드는지 확인하라. 어떤 음식, 술이나 커피 같은 음료가 소변과 관련해 불쾌감을 갖게 하는지도 체크해보라. 사람마다 반응은 제각각이다. 자기에게 맞는 것을 찾아라. 또 소변을 볼 때 노래 한 구절을 휘파람으로 불어보라. 그 결과에 깜짝 놀랄 것이다. 휘파람을 불면 방광 위 외부 근육에 다양한 압력이 가해져, 즉각적으로 소변을 보게 된다.

방광을 완전히 비우기

빈뇨 해결은 방법의 문제다. 방광은 소변 300~500밀리리터를 채울 수 있다. 소변을 볼 때 완전히 비우지 않으면 자주 소변보게 마련이다.

회음부 근육 발달시키기

나는 남성과 여성 모두 회음부 근육(괄약근) 발달시키기의 중요성을 강조하고자 한다. 회음부는 여성은 항문과 질 사이, 남성은 항문과 음낭 사이에 있는 근육을 말한다. 대략 사람의 몸통 부위의 30킬로그램을 감당하는데 나이가 들면 쇠약해진다. 그 결과 여성은 요실금이 생기고 오르가즘을 느끼기가 어렵다. 남성은 발기가 불안정하고 발기 각도가 밑으로 낮아지며 사정할 때 제어가 잘 안 된다.

매일 강한 회음부를 만들기 위해서 속는 셈치고 나의 지시대로 이행하여 보라. 의자에 편안하게 앉고서 양발을 바닥에 바짝 댄다. 책을 양 무릎 사이에 넣고서 떨어지지 않도록 무릎을 꽉 조인다. 이렇게 매일 20회 무릎 조이기를 실시해보라 한 번 할 때마다 다섯까지 센 다음 다시 실행한다. 이 운동을 자주 하다보면 자연스럽고도 매우 효과적으로 골반 근육이 강화될 것이다.

두 달이 지나면 몸이 달라진 것에 깜짝 놀랄 것이다. 회음부는 원기를 되찾아줄 것이고, 소변을 잘 제어할 수 있게 할 것이다.

Tips

강한 회음부 만들기

회음부 위치는 쉽게 알아볼 수 있다. 소변보는 도중에 소변을 멈추게 해주는 작은 근육이다. 소변볼 때를 제외한 시간에 회음부 근육 조이기 운동을 해주길 바란다. 하루에 2회에 걸쳐 20번씩 한다. 한번 조이기할 때마다 5까지 센다. 매일 3분 정도 투자하라. 놀라운 효과가 여러분을 기쁘게 해줄 것이다.

전립선을 건강하게 지켜라

이미 말한 것처럼 남자는 나이를 먹으면서 생리적으로 전립선이 비대해진다. 그래서 소변보기 위해 밤에 자주 일어난다. 간단한 해결책을 사용하면 한밤중에 깨는 일이 적어진다.

섹스 때 사정을 하면 전립선 주위 근육들이 수축한다. 덕분에 방광을 잘 비울 수 있다. 사정에는 또 다른 장점이 있다. 사정을 자주하면 전립선암에 걸릴 확률이 낮아진다.

하루 중 오래 앉아 있는 자세를 피하는 것도 중요하다. 전립선을 계속해서 압박하기 때문에 가능하면 자주 5분 정도라도 일어서서 마비된 다리를 풀어주자.

Tips

전립선을 따뜻하게 해주는 이유

저녁에 15분 정도 아주 따뜻한 물에 몸을 담그면 복부 근육과 골반 근육을 이완시킬 수 있고, 이렇게 하면 전립선에 가해지는 외부 압박을 줄여줄 수 있다. 평소 꽉 죄는 속옷을 입지 마라.

3) 호흡으로 통증 줄이기

몇 초 동안 호흡을 참으면 통증을 덜 인식할 수 있다고 한다. 스페인 과학자들이 이런 행동이 일종의 천연 진통제 역할을 한다고 밝혔는데, 예를 들면 주사 맞기 전에 쓸모가 있다. 짧은 순간 호흡을 멈추면 혈관 속에 있는 압박 수용기에 영향을 미쳐 혈압이 약간 올라간다. 간접적으로 중추신경계에도 영향을 미쳐 통증에 덜 반응하게 되는 것이다. 그러므로 고통을 감수해야 할 때라면 호흡을 잠시 멈춰라.

4) 평소의 올바른 자세

잠잘 때 위산의 식도 역류 증상을 피하려면 왼쪽으로 누워 자는 것이 낫다. 이 자세를 취하면 목구멍이 덜 아릴 것이다. 또 자연스럽게 위장이 식도보다 낮은 위치에 놓이게 되어 역류 증상이 저절로 가라앉게 된다.

등에 문제가 있으면, 아침마다 벽에 등을 기대고 양손을 위로 쭉 올리면서 기지개 켜는 습관을 가져 보라. 또 짐을 들 때에는 한 손보다 양손을 사용하고 똑바로 서서(배를 집어놓고 어깨를 가볍게 뒤로 펴고) 걷는다. 몸을 낮춰 바닥에 있는 물건을 줍거나 옮길 때에는 (허리를 굽히지 말고) 다리를 굽힌다.

위에서 얘기한 것처럼, 고정되어 머물러 있는 자세는 몸에 안 좋다. 만약 업무 등으로 인해 오랜 시간 앉아 있거나 서 있어야 한다면, 규칙적으로 쉬는 시간을 정해 걷도록 하자. 여기에 운동까지 한다면 건강에 더 없이 좋을 것이다.

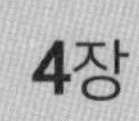

4장

건강다이제스트 처방전을 따라하라

"상식이란 모든 사람에게 필요한 것이지만 극소수의 사람들만이 가진 것이며
아무도 자기는 그것이 결핍되었다고 생각하지 않는다."
－벤저민 프랭클린

알고 있지만 제대로 모르는 건강에 관한 모든 것!!!

현대인의 건강을 지키기 위해 필요한 넓고도 얕은 건강 지식들은 포털사이트 도처에 널려 있다. 그러나 실상 그 정보가 얼마나 구체적으로 정확하고, 유용한지 가치판단을 해볼 필요가 있다. 그야말로 정보의 홍수시대에 쓰레기 정보(junk information, 알맹이가 없고 전혀 불필요한 정보)가 넘쳐나고 있는 실정이다.

병원 의사들이 환자를 진찰하고 나면 치료에 사용하는 약제의 조제 및 그 용법을 지시하는 처방전을 내려주게 된다. 이 때 처방전을 prescription이라고 하며, 처방 문자는 Rp로 표기한다. 이는 라틴어 Rezept(recipe)에서 유래되었기 때문이다.

나는 언젠가 일반인을 대상으로 하는 건강상식 수업을 개설할 꿈을 꾸었다. 아주 명백한 사실은 오히려 잘 알려져 있지 않는 법이다. 다들 아주 간단한 것은 배울 필요가 없다고 말한다. 이런 까닭에 나는 상식과 행복 수업을 개설해 강의를 진행하려고 한다. 주위 사람에게 들은 (잘못된) 정보를 내게 알려라. 이 수업을 듣고서, 당신은 주위 사람에게 해주어야 할 좋은 정보가 많다는 것을 인정하게 될 것이다.

일반 사람들은 지극히 기초적이면서도 상식적인 정보에 늘 자신감을 보이면서도, 어떤 경우에는 그 상식에 소홀히 대처함으로써 돌이킬 수 없는 후회와 아픈 상처를 맛보게 된다.

1강
똑바로 앉기

이런 척추를 상상해 보라. 정지 자세에 있는 좌골(궁둥뼈) 속 신경은 움직이지 못하는데, 그런 자세에서 줄지어 있어야 하는 척추 원판들 말이다. 고통을 느끼지 않으려면 신경이 압축되어 있어서는 안 된다. 그렇지 않으면 삶이 귀찮을 정도로 되풀이되는 요통을 겪는다.

앉을 때 척추가 쓸데없이 휘지 않게 하려면, 의자 깊숙이 앉아 다리를 꼬지 않고 발은 바닥에 대고 있어야 한다. 이렇게 앉아야 힘, 평온함, 안정감이 생긴다. 다리를 꼬고 앉으면 하지정맥류가 생길 수 있다. 정맥류는 혈관이 압축되어 심장으로 올라갈 정맥 속 피가 정체된 상태를 말한다.

일단 제대로 앉았으면, 이제 규칙적으로 일어서는 것도 염두에 두자. 하루에 8시간 앉아서 보내면 사망률이 15% 증가하고 11시간 보내면 40%까지 치솟는다. 몸은 활기찬 움직임을 필요로 한다. 규칙적으로 일어서서 걸어야 한다. 마찬가지로 휴식 없이 장거리 운전하는 일은 절대로 삼가야 한다.

나는 시간 날 때마다 양 무릎을 허리보다 약간 높게 두고 앉으라고 권한다. 이 자세를 취하면 정맥의 혈액 순환이 좋아져 저녁마다 다리가 덜 부을 것이다. 당신 책상 밑에 작은 발판 하나만 갖다놓으면 된다.

약간 무거운 배낭을 한쪽으로 치우치게 메면 인대와 척추에 손상을 준다. 전화기를 어깨와 목 사이에 고정시키고 통화하는 것도 안 좋다. 목이 비틀려 통증을 유발할 수 있기 때문이다.

2강
제대로 걷기

걷기 전에 신발 깔창부터 살펴보라. 양쪽 깔창의 마모 정도가 같지 않다면 등이 아플 가능성이 크다. 의외로 양쪽 다리 길이가 같지 않은 사람들이 많다. 이런 사람들은 한 쪽 다리에 힘을 더 싣게 마련이어서, 그쪽 신발 뒷굽이나 깔창이 더 많이 닳아 얇아진다. 어쩔 수 없이 척추 원판이 조여지고 척추가 비틀어진다. 유일한 방법은 정형외과에 가는 것이다. 의사는 교정용 깔창을 권할 것이고 그걸 사용하면 몸의 균형을 찾을 수 있을 것이다.

혹시 새로 산 신발 때문에 몸이 불편하다면 애써 신을 필요가 없다. 발에 물집이 생기고 자세도 나빠지기 때문이다. 굳이 신겠나면, 헤어드라이어로 신발 가죽을 가열해 늘이는 방법을 써보라. 통증이 없어질 것이다. 제대로 걸을 줄 알아야 등과 관절을 보호할 수 있다.

걸을 땐 양팔을 시계추처럼 앞뒤로 뻗어주자. 발보다 팔을 먼저 내뻗으면 몸의 하중을 잘 분산시킬 수 있다. 자, 주머니에서 손을 빼고 걷자!

Tips

걷기운동의 좋은 점(효과)

현대인들에게 공간적 제약을 크게 신경을 쓰지 않고 할 수 있는 운동이 바로 걷기이다. 다른 운동에 비해 몸에 무리가 가지 않는 편이라 과체중의 현대인들에게 안성맞춤인 셈이다.

그럼, 걷기 운동은 어느 정도의 시간을 투자하면 좋을까?

20~30분 정도가 적당하다. 땀이 살짝 맺힐 정도가 좋다고 한다.

그렇다면 걷기의 속도가 문제일 텐데 어느 정도로 걸으면 좋을까?

좀 빠르게 걷는 속보가 운동 효과를 준다고 한다.

3강
정리정돈하는 습관으로 스트레스 줄이기

1년 내내 뒤죽박죽된 상태로 사는 것은 정말로 몸에 해롭다. 가정이든, 사무실이든 주변 정리정돈부터 시작하자. 집, 업무, 이메일, 머릿속 잡생각…….

일상 용품들은 항상 제자리에 두자. 작은 상자에 열쇠, 휴대폰, 안경 등을 넣어두면 이것들을 찾느라 시간을 허비하지 않게 된다. 덕분에 좀 더 많이 휴식을 취할 수 있고 스트레스를 받지 않게 된다.

쓸데없는 것들은 치워버리고, 꼭 필요하거나 당신에게 즐거움을 주는 물건과 옷만 보관하자. 그러면 집안에 활기가 차고 먼지는 덜 생겨서 건강에 도움이 될 것이다.

개인 소지품이 많이 쌓이면 활동성과 자유를 상실하게 된다. 날개가 둔해져 날지 못하는 새처럼 말이다. 더 이상 좋아하지 않는 것, 더 이상 도움이 되지 않는 것을 기부하거나 필요한 사람에게 양도하라. 이타주의는 본인에게 긍정적인 이미지를 선사한다. 필요한 사람에게 선물하면, 우선 벽장이 비게 되고 먼지도 덜 생길 것이다. 물론 선물 받은 사람은 미소를 지을 것이다. 그래서 주기를 잘했다고 생각할 것이다.

Tips

면역력 증진 기능과 효과

우리의 몸은 인체 기능에 문제가 발생하게 되면 곧바로 면역력이 약화되어 각종 질병에 쉽게 걸리게 되고, 또 한편으로는 외부의 세균 침입에 대하여 효과적으로 대항하지 못하게 됨으로써 바이러스성 관련 질환(대상포진, 감기, 간염, 방광염)에 쉽게 노출되게 된다. 외부로부터 공격을 받아 1차 방어선이 무너지면 2차적으로 백혈구(E세포, T세포, NK세포)가 대항 메커니즘을 작동하여 침투한 항원(세균, 병원균)과 맞서 싸우게 된다.

우선 면역력을 강화하려면 규칙적인 운동과 올바른 식습관이 매우 중요하다고 한다. 특히 긍정적인 사고를 바탕으로 하는 정신건강은 무엇보다 중요하게 작용된다고 한다. 인간의 수명과 건강은 면역력에 따라 결정되는데, 무엇보다도 인체의 면역력은 맑고 따뜻한 혈액에 의해 좌우된다. 현대인들에게 면역력을 떨어뜨리는 주범으로는 피로, 스트레스, 과식(육식 섭취), 만성질환 등이 있다.

조금 심해진다면 위산이 식도로 역류하여 목구멍에 염증을 유발하게 되고 속스림, 신트림, 흉통, 기침 등을 발생하게 된다.

4강
컴퓨터 모니터 앞에서의 재채기

컴퓨터 모니터 앞에서 여러 시간 머물러 있으면 건강에 해롭다. 이탈리아 과학자들은 컴퓨터 앞에서 6시간 이상 있으면 감기에 걸릴 확률이 3분의 1 더 증가한다고 발표했다. 인터넷에 빠진 사람들은 몸을 보호하는 면역 체계가 약해져 감염에 더 취약해지기 때문이다. 이 현상을 설명하려고 많은 사람들이 나섰고 지금은 점점 더 증가하고 있다.

잠자기 전에 모니터 앞에 있으면 수면을 방해 받는다. 모니터 화면의 푸른빛이 주의를 자극해 잠들기가 어려워지기 때문이다. 잠이 부족하면 원래 있던 몸의 면역체계 방어력이 떨어진다. 컴퓨터를 오래 사용하는 사람은 '오프라인' 상태, 즉 인터넷을 사용하고 있지 않을 때 스트레스가 증가한다는 것이다. 이런 불안감 때문에 코르티솔(콩팥의 부신 피질에서 분비되는 호르몬)과 같은 스트레스 호르몬이 많이 분비되어, 면역반응의 질이 떨어진다. 어떤 자료에서는 인터넷을 한다고 병에 걸리는 것은 아니라고 당당하게 주장한다. 인터넷을 통해 남성은 게임과 포르노 영화를, 여성은 쇼핑과 SNS를 즐긴다. 관심사가 무엇이든 남성과 여성 모두 인터넷을 즐긴다.

만약 컴퓨터 모니터 앞에 오래 머물러 있을 때 재채기가 났다면, 즉시 일어나서 잠시 휴식을 취하거나 그곳을 벗어나길 바란다.

올바른 건강기능식품에 관한 이해와 관련 정보

건강기능식품은 일상 식사에서 결핍되기 쉬운 영양소나 인체에 유용한 효과를 가져다주는 원료나 성분(이하 기능성원료)을 사용하여 제조한 식품으로써 건강을 유지하는데 도움을 주는 식품을 일컫는데, 간혹 건강보조식품과 혼동하기도 한다. 우리나라 식품공전에 수록되어 있는 건강보조식품의 품목은 24개(가공식품)로 정하여 놓고 있다.

이러한 건강기능식품은 반드시 식품의약품안전처에서 일정한 평가과정을 거쳐 그 기능성을 검증받아야 한다. 실제로는 비타민, 및 무기질, 단백질, 식이섬유, 필수지방산 등이 포함되며, 인체의 생리활성기능 여부에 따라 1, 2, 3등급으로 분류되고 있다.

(우리나라에서는 잘못된 건강기능식품이나 불법 관련 정보에 대해서는 질병관리본부〈T. 043-719-7455〉에 신고하길 권고하고 있다.)

5강
베개의
적극적인 활용법

베개도 약이 될 수 있다. 위 식도 역류를 겪으면, 등과 목덜미가 아프고 다리가 무겁게 느껴진다. 조금 심해진다면 위산이 식도로 역류하여 목구멍에 염증을 유발하게 되고 속쓰림, 신트림, 흉통, 기침 등을 발생하게 된다. 베개를 사용하면 간단하고 효과가 좋으며 부작용이 전혀 없다. 올바른 자세를 취하면 그만이다.

1) 식도염에 도움이 되는 베개 사용법

위 식도 역류는 위에 들어있는 내용물 일부가 식도와 입으로 거슬러 올라오는 증상이다. 위산도 함께 따라 올라와 식도가 따갑고 이따금 헛기침을 하게 된다. 원인은 단순하다. 식도에서 위로 들어가는 입구인 작은 관(분문괄약근)이 약해져서 닫지를 못해 위산이 목구멍으로 역류하기 때문이다. 이 증상을 피하려면 식사 후 바로 침대에 가 누우면 안 된다. 최소 두 시간은 경과해야 한다.

물론 커피와 탄산음료는 피하고, 천천히 입을 닫고서 음식을 씹어야 한다. 그것보다 일자로 누워 자지 않는 것이 더 중요하다. 단단한 베개 세 개를 등 뒤에 배치해, 누웠을 때 상반신이 30도 정도 높게 있도록 해야 한다. 이런 자세로 누우면, 위산 역류로 잠에서 깨는 일 없이 편안하게 밤을 보낼 수 있다.

2) 무거운 다리에는 베개가 최고

하루가 끝날 때쯤 다리가 무거워지고 조금은 부어오르는 사람이 많다. 주로 정맥류 때문에 정맥총(가늘게 나누어져 있는 정맥 혈관 덩어리)에 피가 몰려서 그렇다. 침대에 누우면 다리가 갑갑하고 따끔거리며 열과 불쾌감이 느껴진다고 호소한다. 이런 사람은 다리를 들고서 양쪽 장딴지 밑에 크고 딱딱한 베개를 두고 누우면 괜찮아진다. 이렇게 하면 정맥 혈액순환 도중 피가 몰리는 증상이 줄어들어 피가 심장 쪽으로 잘 흘러가게 된다.

3) 베개는 척추의 우군

등(요통, 좌골 신경통)과 목에 통증이 있을 때 베개는 필수적이다. 무릎과 넓적다리 사이에 베개를 넣어두고 잠자면 여러 가지 이점이 있다. 허리와 어깨는 1열로 잘 늘어서 있어야 하는데, 수많은 요통은 추간원판(디스크, 척추의 마디마디 사이에 들어 있는 둥근 판상의 물렁뼈)이 꽉 조여 있어서 생기기 때문이다. 무엇보다도 베개는 무릎 상단이 무릎 하단을 내리누르는 것을 방지해 준다.

무릎 하단에 무리가 가면 좋지 않다. 받쳐진 베개가 무릎 하단의 관절을 완화시키고 보호해 준다. 아무튼 위처럼 베개를 사용하면 척추가 한결 나은 자세가 되어 몸의 긴장을 완화시킬 수 있다. 또 양쪽 넓적다리 사이에 베개를 끼우고 잠자면 척추가 비틀려 통증이 생기는 것을 방지할 수 있다. 목이 비틀리거나 통증이 있는 사람에게 나는 인체 공학적으로 만든(안쪽으로 휘어진) 베개를 구매하기를 권한다. 목의 통증을 완화시켜 주고 악화되지 않도록 해줄 것이다.

Tips

잠자리에서 제대로 일어나기

잘못된 동작으로 아침부터 등이나 목이 옴짝달싹하지 못하게 되는 일이 없게 조심스럽게 일어나도록 하자. 우선 잠에서 깨면 가만히 정신이 돌아오게끔 하는 시간을 갖자. 단번에 급하게 침대에서 내려오지 말자.

한쪽으로 몸을 돌린 다음, 팔꿈치와 손을 기대면서 몸을 일으킨 후 일단 침대 가장자리에 앉자. 그런 다음 차분하게 일어서자. 이렇게 당신의 몸을 배려하면서 아침을 맞이하자. 그렇게 하면 등 아래 부분에 무리가 가는 일은 없을 것이다.

6강
휘파람을 불면
나이가 들지 않는다

휘파람 소리는 귀가 제일 예민하게 듣는 1~2.5킬로헤르츠(kHz) 사이의 진동수를 가진다. 이러한 특성 덕분에 휘파람 소리는 다른 소리들로부터 분리되어 수많은 인파 속에서도 들린다. 휘파람에는 상징적인 가치가 있다. 놀라움과 감탄을 자아내고 주목의 대상이 되는 것이다. 부정적인 의미로 휘파람을 부는 경우는 드물어서, 관객이 그다지 호응하지 않는 공연이 끝날 때 부는 정도다.

일하러 가거나 샤워를 하거나 아침에 거울을 볼 때 휘파람을 불면 몸과 마음에 커다란 유익을 행하는 셈이 된다. 30초 정도면 충분하다. 휘파람을 불어 뇌를 자극하고 기쁨의 신호를 전하자. 그렇게 행복의 물결을 일으키고 가볍게 걸으면서 하루를 시작하자. 노래도 좋고 즐겨 듣는 음악도 좋다. 애국가를 불러 애국자 행세를 해도 좋고, 생생한 에너지를 강한 휘파람 소리로 발산해도 좋다. 이렇게 당신은 입으로 바람을 내보내면서 울적한 생각과 스트레스를 없앨 수 있을 것이다. 휘파람은 유익함을 주는 일상의 몸짓 중 하나다. 노래 부르기가 정신에 맑은 공기를 집어넣는 행위인 것처럼 말이다.

휘파람을 불면 얼굴이 젊어지는 운동도 겸하게 된다. 휘파람을 불려면 입술 주위의 근육을 모아 움직이게 된다. 이 운동은 매우 유익하다. 노화 증상 중 하나가 입 주위에 많은 주름이 생겨 입술이 작아지는 것이기 때문이다. 여러 해 동안 운동 부족으로 입 주변도 쇠약해졌어도 휘파람을 불면 나날이 입 근육을 단련시키게 되므로 더 이상 그렇게 되지 않을 것이다.

또한 휘파람은 숨 내쉬기와 호흡을 훈련시키는 것이어서, 자연스레 능숙하게 호흡할 수밖에 없게 된다. 건강하게 호흡한다는 단순한 행위가 행복감을 불러일으킨다. 폐 표면을 펼치면 테니스장 크기와 맞먹는다고 한다. 제대로 호흡한다는 것이 얼마나 건강에 필수적인지 이해할 수 있다.

오늘날 과학자들이 휘파람에 관심을 두고 있다. 휘파람이 기억력에 끼치는 효과와 더불어, 통증 완화라는 잠재적 효과를 밝혀내기 위한 대규모 과학 연구가 진행 중에 있다. 샤워를 하면서 짧은 노래를 휘파람 불면 작은 양이지만 엔도르핀이 분비된다. 그야말로 건강에는 최상의 약이다.

자, 내일 아침부터라도 휘파람을 불자! 하루를 잘 시작하는 유쾌한 신호가 될 것이다. 또한 호흡법에 효과적인 결과를 가져다 줄 것이다.

신비한 휘파람

라틴 아메리카의 일부 고대 문화에서 휘파람은 동료들의 정신을 서로 연결해 주는 행위였다. 이와 유사한 관습이 중국에서 종교적 차원으로 조상 대대로 이어져 왔음이 밝혀졌다. 휘파람이라고 하는 아주 특별한 소리가 자기 자신과 영성에 다가가도록 돕기 위해 태고적부터 불린 사실을 발견한 것은 감동적일 정도다.

우선 휘파람은 관심을 끌기 때문에 그 소리를 무시할 수가 없다. 고함과는 달리 휘파람은 선율적인 자유로움이 있다. 신비적인 의미로 보더라도, 휘파람은 비탄의 신호와는 거리가 멀고 모두에게 들리도록 드높아지는 소리라 하겠다. 휘파람은 타성에 빠지지 않고 여전히 하루하루 힘차게 살아가기 위한 수단이다. 모든 힘을 다해 즐겁게 살아가려는 사람들과 나 자신을 위한 강렬한 몸짓이다.

7강
혀 내밀기

당신은 예전에 어린아이들이 흔히 뭔가에 열중할 때 혀를 내미는 것을 보았을 것이다. 과학자들이 이런 엉뚱한 행동에 주목했다. 혀를 내밀면 좀 더 주의를 집중할 수 있다는 것이다. 언제부터인가 이 행위는 사회적 압력 때문에 금기시되었다. 사실 누군가에게 또는 거울을 보고 자기 자신에게 혀를 내미는 짓이 대수로운 일은 아니다. 다만 어린 시절을 떠올리게 한다. 우리는 성인이라는 사실을 잠시 잊고, 아무것도 할 일이 없다는 것을 혀를 내밀면서 분명하게 표현하고 싶을 때가 있다. 폭소를 터트리고서 세상과 맞서 혀로 실행하는 최후의 일전이라고 할까? 가끔 혀를 내밀면서 자연스러움과 어린 시설의 활기를 되찾는 것은 어떨까?

다들 알버트 아인슈타인이 혀를 내밀고 있는 유명한 사진을 보았을 것이다. 그때가 1951년 3월 14일이었다. 72세 생일을 축하하는 자리였다. 아인슈타인과 마주한 사진가가 미소 짓는 모습을 보여 달라고 끈질기게 요청했다. 화가 난 아인슈타인은 미소 대신에 혀를 내밀었다. 후일 아인슈타인은 이 사진에 다음과 같은 헌사를 썼다.

"나는 모든 사람을 대상으로 하는 것이기 때문에 혀 내미는 일을 앞으로도 좋아할 것이다. 나는 권위 부리는 짓이 항상 힘겨웠다. 분명 점잖은 자세를 기대했을 사진가에게 혀를 내민 것은 체면을 차리거나 행동규범에 맞는 모습을 보이고 싶지 않아서였다."

일주일에 한 번 욕실 거울 앞에서 혀를 쭉 내밀어 보는 것으로도 충분하다. 당신은 의사가 진찰하려고 환자에게 "아아아-" 소리 내고 혀를 쭉 내밀게 하는 것을 본 적이 있을 것이다. 실제로 혀는 몸 건강 상태를 확인할 수 있는 수많은 정보를 제공한다.

혀를 내밀고 가만히 있으면서 거울을 보고 살펴보자. 혹시 혀가 의도치 않게 왼쪽이나 오른쪽으로 치우쳐 있다면 의사에게 꼭 진찰을 받아라. 신경이나 뇌가 훼손되어서 그런 것일 수 있으므로 관련 검사를 받아야 한다.

Tips

혀 색깔은 건강 상태를 알려주는 신호

혀 색깔을 알아두면 좋다. 건강 상태가 어떤지 정보를 제공하기 때문이다. 조금이라도 이상이 있으면 의사에게 진찰받아라. 건강한지, 심각한 질병이 있는지 말해 줄 것이다.

· 이따금 반짝거리면서 붉은 딸기 색깔

혀가 일률적으로 이 색깔을 띠거나 종종 V자 모양으로 띨 수 있다. 비타민 B12 부족으로 생긴 '비에르머 빈혈' 때문일 수 있는데, 종종 채식주의자에게서 볼 수 있다. 또 아주 드문 경우지만 성홍열이나 매독이 원인일 수 있다. 만약 혀에 붉은색 상처가 있는데, 아주 작고 생김새가 이상하며 시간이 지나도 사라지지 않고 아주 적게라도 피가 난다면 암 증상일 수 있다. 혀에 암(설암)이 생기는 위험 요인은 담배, 술, HPV 바이러스(인유두종 바이러스)이다. 남성이 주도하는 오럴 섹스는 일반화되었다. 오럴섹스로 HPV 바이러스에 감염된 남성이 암에 걸리는 빈도수와 남성이 그 동안 만난 섹스 파트너 수 사이의 상관관계가 조사되기도 했다.

▪ 갈색, 검은색 혀

종종 혀가 검은 머리 같은 색깔을 띠는 사람들이 있다. 이 색깔은 애연가, 입과 치아에 해로운 커피나 홍차를 엄청나게 마시는 사람에게서 나타난다. 양치질을 제대로 하고 혀도 닦아내며 진찰을 받기를 권한다.

▪ 약간 치즈 표면 같은 희끄무레한 색깔

균류(곰팡이), 칸디다 알비칸스 같은 사상균증과 가장 관련이 깊은 색깔이다. 면역력이 떨어졌을 때, 항생제 치료를 받았을 때 흔히 볼 수 있다. 만약 희끄무레한 점들이 있다면, 애연가에게서 볼 수 있는 백색판증일 수 있다. 역시 진찰을 받아야 한다.

만약 당신이 여성이고 혀가 욱신거리는 느낌이 든다면 호르몬 장애일 가능성이 있는데, 그다지 심한 것은 아니라고 확인이 되면 치약을 바꿔 보는 것으로 해결할 수 있다.

8강
탕파 사용하기

파라오 시대 때 이집트 의사는 감염된 상처에 곰팡이가 핀 빵을 붙였다. 잘 번식된 곰팡이가 실제로 페니실린의 선조 역할을 한 셈인데, 말하자면 당시 의사들은 사전 지식 없이 치료제를 발명한 것이다. 지금과 같은 약이나 병원이 없던 태고적부터, 사람들은 병을 치료하고 통증을 덜기 위해 수많은 자연적 수단을 사용했다. 어린 시절 아플 때 할머니가 사용한 민간 요법처럼, 수많은 치료법이 조상 대대로 전해져 오늘날까지 이어져 왔다. 이 요법들 중에 상당수는 자연 방식으로 병을 예방하거나 치료해 주기 때문에 여전히 사용되고 있다. 알다시피 나는 잠을 잘 자기 위해서 수면제보다 자연요법을 선호한다.

사람은 보통 추울 때 방의 난방 온도를 높이는데, 이것이 취침을 방해하기도 한다. 실제로 잠잘 때 적당한 온도는 18~20°이다. 잠자리를 데우기 위해 오래 전부터 사용한 탕파(뜨거운 물을 넣어서 그 열기로 몸을 따뜻하게 하는 물통)가 좋다. 무리하게 체온이 올라가게 하지 않으면서 특정 부위(주로 발)를 데울 수 있기 때문이다.

1) 탕파의 효력

수많은 과학 연구가 탕파의 실효성, 특히 생리통, 과민성 결장(과민성 대장증후군 등) 때문에 생기는 복통에 효과가 있음을 증명했다. 탕파를 사용해 할머니의 민간 치료법을 선택해 보는 기쁨도 누릴 수 있다.

생리통이나 복통은 자주 혈류량의 감소, 장이나 자궁 같은 속이 빈 기관의 팽창과 비틀림 때문에 생긴다. 통증은 반복되고, 신경이 예민해지고 불안해지며, 그러다 피로가 깊어진다. 잠을 못 자고, 하루 중 몸이 편안해지는 시간이 점점 드물어진다.

약을 써도 불안은 여전하며, 지나치게 사용하면 심한 부작용이 생긴다. 특히 소염제는 위통을 유발할 수도 있다.

Tips

과학자들이 탕파를 통해 발견한 사실

런던 대학교의 킹 박사는 탕파 작용이 플라시보(긍정적인 심리적 효과를 유발함) 효과로 요약되지는 않지만, 탕파의 치료 효과를 의학적으로 설명할 수는 있다고 했다.

영국 과학자들은 열기가 몸속 온도 특이성 수용체(TRPV1)에 작용하고, 일단 이 수용체가 활성화되면 뇌가 감시하는 통증 수용세(P2X3)를 차단한다는 사실을 증명했다. 이렇게 통증을 일으키는 화학 정보가 차단되어 고통을 덜 수 있다. 이 수용체를 발견한 덕분에 탕파가 고질적인 통증에 실제적 효력을 발휘한다는 것을 알게 되었다.

탕파 안에는 40°의 따뜻한 물을 채워야 한다. 꼭 탕파 제품 설명서대로 사용하기를 바란다. 즉 장갑을 껴서 손을 보호하고 개수대 위에서 물을 채운다. 그런 경우야 없겠지만, 탕파가 피부에 닿을 때 화상을 입지 않도록 베갯잇 같은 천으로 탕파를 감싸야 한다. 그렇게 감싼 탕파를 통증 부위에 20분 정도 올려놓는다.

2) 간에 끼치는 탕파의 효력

간은 약물중독 예방 및 치료센터다. 매일매일 찌꺼기를 제거해 주는 필터다. 작업을 수행하기 위해 전력을 다해 돌아가고 있는 거대한 공장 같다. 간은 우리 몸에서 가장 따뜻한 기관이라고 한다. 직장 온도보다 1℃ 이상 높다. 우리가 매일 음식을 통해 몸에 받아들이는 독소를 더 나은 환경에서 제거하기 위해서는 열기가 필요하기 때문이다. 40℃의 따뜻한 물이 들어간 탕파를 간과 쓸개 가까이에 올려놓으면, 간이 매일 해독 작업을 수행할 수 있는 최상의 환경이 만들어진다. 열은 수월하게 병원균을 파괴하고 최상의 면역 환경을 조성한다. 감염의 경우에 체온이 올라가면 세균의 공격을 더 잘 막아낼 수 있다.

간 바로 밑에 있는 쓸개에 열기가 더해지면 짜증을 줄여주거나 제거하는 데 도움이 된다. 또 탕파를 이 부위에 올려놓으면 통증이 덜해지고, 대변과 장내 가스 배출이 수월해져 결장이 비틀리는 증상이 줄어든다. 결장 부위에도 값진 도움이 되는 것이다.

이렇게 결장이 과민해지거나 통증이 생길 때 탕파가 발휘하는 이중 효과를 기대할 수 있다. 통증 수용체를 차단하고, 소화를 돕는 담즙이 간에서 배출되기 때문에 배가 나오지 않게 된다. 이것이 탕파의 부수적 효과다.

9강
운동은 만병통치약

일상생활 속에서의 규칙적인 운동은 체력 강화, 심리 안정, 면역력 강화, 혈행 개선, 소화 증진, 스트레스 해소 등 다양한 효과를 유발하게 되므로 운동이야말로 신이 인간에게 주는 최고의 선물이자, 보약인 셈이다.

1) 30분 걷기 운동

영국의 로던 박사는 하루에 30분 빠르게 걷기를 하면 좀 더 효과적인 운동이 된다는 사실을 밝혀냈다. 과학자들은 허리둘레나 몸무게 같은 기준을 정하고 헬스장이나 산책로에서 30분 동안 걸었을 때 나타나는 놀라운 효과를 증명했다.

나는 이런 말을 얼마나 많이 들었는지 모르겠다. "저는 운동을 무척 좋아합니다. 그런데 시간이 전혀 없어요." 그렇지 않다! 집에서 실내 자전거를 타면서 운동도 전화통화도 할 수 있고, 이메일에 답변하거나 문자 메시지를 보내거나 텔레비전도 볼 수 있다. 한 가지는 필수로 삼으면서 두 가지 활동을 겸해도 좋다. 건강은 강조할 필요도 없이 값진 것이다. 아무리 중요한 일이 있더라도 먼저 건강을 위해 하루 30분만 투자하자. 쭉 건강하게 살기 위해서 더 중요한 30분을 기억하자.

이러한 운동 말고 다른 활동, 즉 일상 속 걷기, 계단 오르기, 청소기 돌리기 등도 건강에 이롭다. 그러나 30분 운동만은 건강과 행복을 위해 타협할 수 없는 일이다. 사람들은 거리를 걷거나 골프를 칠 때도 줄곧 멈춘다. 그래서 20분 이상 걸어야 몸을 보호하는 호르몬이 분비되는데, 그런 일이 잘 일어나지 않는다. 물론 아무것도 하지 않는 것보다는 낫다. 20분 이상 걸어야 우리 몸은 축적된 지방에서 계속 걷기 위해 필요한 에너지를 끌어낸다는 점을 명심하자. 최근 독일에서 발표된 연구 논문은 하루에 20분 빨리 걷기를 하면 수명이 7년 연장된다는 사실을 증명하기도 했다. 독일 과학자들은 20분 빨리 걷기를 6개월 실행한 사람에게서 생물학적 변화가 세포 속, 특히 노화 표지와 DNA에서 일어나는 것을 발견했다. 마치 임상실험 대상자가 젊어지기라도 한 것처럼 말이다.

이런 점이 무척 중요하다. 왜냐하면 겨우 6개월 만에 이런 긍정적 결과가 나온 것이라, 건강해지기에는 너무 늦었다는 말은 무의미함을 입증했으므로 어떤 나이에서든 시작해도 된다.

2) 잠자리에서 하는 간단한 아침 운동

여기서 무엇보다 즐거워야 할 성관계의 고민거리를 굳이 다루지는 않겠다. 커플이 성관계 할 때 이상적인 지속 시간은 7분에서 13분 사이인데, 위에서 말한 30분 연속 운동과는 거리가 먼 이야기다. 성관계 한 번 할 때 소비되는 칼로리는 보잘것없는 정도, 대략 15분에 100칼로리다. 물론 비정상적인 체위로 더 즐겁게 해보려는 경우를 제외했을 때를 말한다.

아침에 일어나기 전에 5분간만 할애하여 기지개를 비롯해 몇 가지 쉬운 운동을 해보자. 몸이 훨씬 가뿐해질 것이다. 오랜 세월 동안 몸을 충분하게 사용하지 않으면, 근육은 녹슬고 인대는 뻣뻣한 상태가 되고 만다. 목은 비틀어지고 요통이 생기며 경련이 자주 일어난다. 자, 이제부터는 매순간 간단한 운동부터 실행에 옮기자. 당신 몸에 존경을 표하듯 말이다.

Tips

잠자리에서 할 수 있는 스트레칭

먼저 머리를 한쪽 방향으로 10번 회전시키고 반대쪽 방향으로도 그렇게 한다. 턱을 가슴 쪽으로 완전히 내리면서 머리에게 "예"라고 말하고 다시 회전운동을 한다. 손목과 어깨로도 작은 원을 그리면서 양쪽 방향으로 같은 운동을 해준다. 침대 매트리스가 약하지 않다면 완전히 누운 상태에서 자전거 타듯이 발 운동을 100번만 하자. 이제 아침 운동을 끝내는 마지막 운동이다. 누워서 양 무릎을 배 쪽으로 갖다 대고 양팔로 무릎을 감싼다. 30까지 세고서 푼다. 이 '달걀 자세'를 한번 더 행한다. 이 운동을 하면 척추를 잘 늘일 수 있고, 아주 새로운 기분으로 일어날 수 있을 것이다.

3) 게으르면 조기 사망할 위험성이 4배 커진다

너무 푹 쉬면 삶에 대한 희망이 줄어든다. 이 충격적인 사실은 오스트레일리아 연구진이 23만 명의 연구 대상자들의 생활양식과 조기 사망 위험 발생률을 연구해서 나온 결과다. 연구진은 오래 살지 못하게 되는 비결을 알아냈다.

다음과 같다. 〈밤에 9시간 이상 잠자기〉 + 〈오래 앉아서 하루를 보내기〉 + 〈일주일에 2시간 30분보다 덜 운동하기〉 이렇게 살면 조기 사망할 위험이 4배 커진다.

연구진은 여기에다 담배를 피우고 과음하는 것까지 보태면, 잠재적으로 위험이 더 커진다고 언급했다. 이 연구는 1년 계약으로 대상자들의 행동을 살핀 것이고, 휴가 때 우연히 만난 사람들을 대상으로 한 것이 아니다. 나는 거듭해 반복적으로 이 말을 강조한다. 우리 몸은 집안에 틀어박혀 있는 것이 아니라 움직이며 살게끔 만들어진 유기체다. 이 연구 결과를 보면 왜 사망률이 퇴직이나 은퇴할 때 뚜렷하게 증가하는지를 충분히 이해할 수 있다.

10강
꿀잠의 비결과 효능

잠을 잘 자는 것은 건강에 필수적이다. 몸에 기운을 불어넣고, 몸을 해독시키려면 7~8시간 정도 자야 한다. 충분하게 자지 않으면 건강에 해롭다. 심혈관 질환과 비만 위험성이 커진다. 물론 지나치게 많이 자도 건강에 안 좋다.

각자 자기만의 수면 리듬이 있다. 어떤 사람은 일찍, 어떤 사람은 늦게 잠자리에 드는 것을 좋아한다. 과학자들은 늦게 자고서 아침에 늦게 일어나는 사람은 그렇지 않은 사람보다 창조적이라고 한다. 반대로 일찍 일어나는 사람은 성공적인 사회생활을 영위하는 비율이 높다고 한다.

1) 잘 자는 것은 건강의 필수 요건

처음 실시된 연구 결과에 따르면, 옆으로 누워 자는 것이 하루 종일 뇌에서 생긴 노폐물을 제거하는 데 좋다고 한다. 뇌를 회복시키기 위해서는 여러 시간이 필요하다. 옆으로 누워 자는 것은 쉽게 할 수 있는 해독 치료다. 단 코를 골지 않는다는 조건에서 말이다. 실제로 코를 골면 옆에서 자는 사람뿐 아니라 코를 고는 본인도 힘들어진다. 수면의 질이 떨어지기 때문이다. 브라질 연구진이 코골이 강도를 60% 줄이고 빈도수도 3분의 1 줄이는 간단한 새 방법을 찾아냈다. 바로 혀 체조다.

Tips

 **잠자기 전에 하는 혀 체조**

잠자기 바로 직전 20회씩 반복해주면 좋은 운동이다.

브라질 연구진들은 입천장 뒷부분을 혀끝으로 누르는 운동을 추천한다. 다른 운동도 권한다. 껌을 한쪽으로 씹다가 다른 쪽으로도 씹기, 입 안에 한 손가락을 넣고 볼 안쪽 중앙을 바깥쪽으로 누르기, "아" 소리를 내면서 머리를 뒤쪽으로 숙이기, 혀를 이 앞쪽과 접촉시키면서 입술 밑으로 내밀기 등이 있다. 이 운동들은 해가 될 게 전혀 없다. 혼자 힘으로 운동 효과를 판단하면서 시도해 보자.

2) 금방 쉽게 잠들기

보통 바닷물에 들어갈 때, 몸이 차가운 물에 익숙해지도록 목덜미를 바닷물로 적신다. 반대로, 사막에 사는 사람들은 천을 사용해 햇빛으로부터 목덜미를 보호한다. 다 이유가 있다. 목덜미 윗부분은 체온조절 중추와 가깝다. 체온 조절계가 아주 가까이 있는 것이다. 몸이 너무 더우면 잠을 푹 잘 수가 없다. 그래서 잠자기 전에 신체 운동을 하지 않는 것이 좋다.

반대로 몸이 차면 잠들기가 수월하다. 잠이 안 오면 하루 종일 냉장고에 넣어둔 축축한 목욕장갑을 목덜미에 갖다대라. 시원한 느낌 덕분에 아기처럼 잠들 수 있을 것이다.

3) 빨리 잠들기 위한 좋은 습관

매일 저녁, 밤을 잘 보내도록 부족한 것이 없게 신경을 쓰고, 사소한 것에도 주의를 기울이는 사랑스런 엄마가 되어보자. 잠이 든다는 것은 한 세상에서 다른 세상으로 넘어가는 것이다. 비현실 세계로 들어가려면 현실 세계를 놓아버려야 한다. 당신은 가능하면 빨리 현실 세계와 연결된 끈을 끊어버려야 한다.

욕실 전등처럼 환한 전등은 끈다. 컴퓨터 모니터, 스마트폰, 텔레비전이 켜져 있으면 잠이 깨기 쉽다. 어떤 사람들은 상관이 없지만, 카페인이 함유된 차나 커피 등 자극적인 음료, 초콜릿은 피하는 것이 좋다.

걱정거리에 얽매여 있으면 감정이 솟구쳐 늦게 잠들게 된다. 걱정거리를 계속 회상하고, "불쌍한 녀석, 난 정말 운이 없어."라고 중얼거리면 뇌를 자극하게 되어 수면에 방해가 된다. 유일한 해결책이 있다. 항상 머리맡 탁자에 작은 수첩을 두고서 걱정거리를 적는다. 꼭 필요한 일이다. 밤에는 걱정거리를 바깥에 꺼내놓는다고 상상하며, 걱정거리가 다음날까지 수첩 속에서 꼼짝 않고 기다려준다고 상상해보자.

베개는 사람이 가장 오랜 시간 접촉하는 긴요한 물건이다. 베개를 잘 이용하면 베게는 당신으로 하여금 꿈나라로 무척이나 빠르게 여행하게 해주는, 마법의 양탄자가 될 수 있다. 매일 아침 당신이 쓰는 베개를 비닐봉지에 넣고 냉장고에 보관하자. 비닐봉지를 쓰면 음식과 접촉하지 않게 되고 냄새도 배지 않는다. 잠자러 가기 전에 베개를 꺼내자. 연구를 위해 과학자들이 연구 대상자에게 냉각된 모자를 쓰고 자게 했다. 그랬더니 모자를 쓴 사람은 그렇지 않은 사람보다 훨씬 빨리 잠이 든다는 결과가 나왔다. 온도가 낮아지면 뇌의 특정 부위가 영향을 받아 잠이 잘 든다. MRI로 그 위치를 측정할 수 있다.

참고로 말하면 심장이식 수술 때 이식할 심장을 냉각 보관해 두는데, 수술 시간을 잡을 때까지 심장 기능의 진행을 억제하기 위해서다. 냉기는 뇌의 기능을 지연시킨다. 마비가 오면 뇌가 굳어지고 둔해지는 것처럼 말이다. 나는 냉각된 모자가 이런 효력이 있음을 체험한 적이 있다. 그렇지만 꼭 모두가 이렇게까지 할 필요는 없다. 나 같으면 같은 효력을 발휘하는 베개 냉각시키기를 선택하겠다.

베개를 침대에 놓기 전에 할 일이 있다. 베개가 당신을 단번에 깊은 잠에 빠지게 할 마취 가스라고 상상하는 것이다. 나는 이 가스를 라벤더 향기로 바꾸겠다. 쉽게 잠들 수 있도록 뇌에 작용하는 향기를 찾는 수많은 과학 연구가 있었다. 라벤더가 그런 효력을 보여주었다. 라벤더 향기를 여러 번 되풀이하여 맡은 임상실험 대상자들이 그렇게 하지 않은 집단보다 더 빨리 잠든 것이다. 라벤더는 적은 비용으로 구할 수 있고, 여러 형태로 쉽게 구입할 수 있다. 나는 베개의 위생과 관련해 몇 가지 사항을 환기시키지 않을 수 없다. 최소 일주일에 한 번은 베갯잇을 갈아라. 그리고 해마다 새로운 베개를 준비하라. 실제로 2년이 지나면 베개 무게의 10%는 죽은 진드기나 진드기 배설물이 차지하게 된다. 진드기도 살기 위해 마실 것과 먹을 것이 필요하다. 땀과 피부에서 떨어지는 비늘이 진드기의 주식이다. 게다가 진드기는 알레르기의 매개체로 잘 알려져 있다.

4) 잠이 부족하면 많은 시간을 허비하게 된다

잠이 부족하면 노화가 빨리 진행된다. 병에 걸리는 횟수도 증가한다. 잠이 부족하면 일의 능률과 민첩성이 떨어진다. 일은 적게 하는데 시간은 더 걸리고, 결과 또한 덜 만족스럽다. 이렇게 시간을 허비하게 된다.

수면 부족은 세포들도 알아차린다. 생물학적 삶을 유지하는데 있어서 희망이 되어주는 말단소립 표지들이 더 빨리 줄어드는데, 이 표지가 줄어들면 생명이 단축된다. 몸속 모든 기관도 피해를 입는다. 피부에 주름이 더 생기고, 얼굴 근육이 처지며, 색소가 병적으로 증가해(색소 침착) 일부 피부가 짙은 색을 나타낸다. 실제로 더 늙어 보이게 된다.

면역 체계의 기능도 현저하게 떨어지고, 심지어 당뇨병에 걸리거나 고혈압이 될 확률이 높아진다. 과체중과 비만을 제어하기 더 어려워진다. 잠이 부족하면 몸은 저절로 생존 반응을 한다. 즉 몸을 지탱시키기 위해 지방질 음식과 단 음식을 먹으려는 충동이 생겨난다.

5) 조로처럼 안대를 쓰고 자라

온전한 밤을 보내고 오래오래 꿈나라에서 머물 수 있는 '묘약'을 찾고 있다면, 마법의 물건을 권하겠다. 바로 수면용 안대다.

수면 안대를 쓰면 잠들기와 질 좋은 수면을 취하기 위해 필요한 어둠을 얻을 수 있다. 보통 침실에서 만족스런 어둠을 만들기는 쉽지 않다. 전광판 등에 쓰이는 발광 다이오드(특히 푸른색), 새벽에 창을 통해 들어오는 빛은 잠의 질을 떨어뜨리기에 충분하다. 게다가 밤에 화장실 갈 때 넘어지지 않으려고 침실 등을 켜놓기도 한다. 그것 때문에 수면에 영향을 받는다.

많은 과학자들이 수면 안대의 효과를 연구했다. 과학자들은 수면 안대를 착용한 임상실험 대상자들이 잠을 정말 푹 잤다고 말했다는 점에 주목했다. 과학자들은 수면에 도움이 되는 멜라토닌의 양이 증가했고, 스트레스 호르몬인 코르티솔의 비율이 낮아진 사실을 발견했다. 또 자다가 깨는 일이 적고 아주 빠르게 잠이 들었다고 한다.

잠자기 전 너무 피곤하면 눈꺼풀이 저절로 닫히듯 무겁게 느껴진다. 눈을 뜨고 있기가 힘들어진다. 이런 느낌이 들면 침대에 누워 자고 싶다는 신호가 뇌에 전달된다. 이 신호 때문에 잠을 깊게 자고 싶다는 반응을 보인다. 이 신호를 재생시키면 더 빨리 잠들 수 있다. 이런 현상에 착안해 나는 될 수 있으면 무거운 수면 안대를 착용해 보라고 권하고 싶다. 그러면 안대가 눈꺼풀을 가볍게 눌러서 슬며시 미주신경을 자극하게 된다. 원래 미주신경을 자극하면 몸이 이완되고 세로토닌 같은 행복 호르몬들이 분비된다. 이 세로토닌이 빨리 잠들도록 도와준다.

수면 안대가 무거우면 좋다고 했는데, 무게를 더하기 위해 착용한 수면 안대 위에 목욕장갑을 얹는다고 상상해 보라. 상점에서 무거운 수면 안대를 구하기가 힘들다면 직접 하나 만들어 보면 어떨까?

6) 시트 뒤집어쓰기

저녁만 되면, 당신은 '오늘도 바로 잠들지는 못하겠구나!' 생각하면서 무기력에 빠지는 경험을 한 적이 있을 것이다. 이런 저런 생각이 뇌 속을 빙글빙글 돈다. 아무것도 하지 않고 제대로 쉬지도 못하고, 무엇인가 유익한 일도 하지 않으면서 시간을 허비하고 있다고 생각하면 참을 수가 없다.

저녁 때마다 이런 상황이 자주 발생한다. 여러 가지 불만사항과 그날 하루의 걱정거리에서 벗어나지 못하기 때문이다. 기력을 되찾아주는 평온한 잠을 자야 하는데, 그럴 수 없는 흥분 상태에 있기 때문이다.

그렇지만 모르페우스(그리스 신화에 나오는 꿈의 신, 잠의 신인 히프노스의 아들)의 장막이 당신에게 걸쳐지기 위한 간단한 기법이 있다. 마치 텐트 속에 있는 것처럼, 30초 동안 침대 시트를 완전히 뒤집어쓰고 있는 것이다. 시트 속에서 호흡을 통해 배출된 이산화탄소를 다시 들이마시면 바로 그 효력이 발생한다. 즉 몸속에서 이산화탄소와 혈액의 산도(산성도) 간의 상관관계에 균형이 잡혀진다. 아주 불안한 날숨이 나오게 된다. 즉 시트 속에서는 호흡이 가빠지므로 몸이 불안해진다. 가쁜 호흡으로 생긴 알칼리증(혈액 중의 액상 성분이 알칼리 과잉으로 되는 병적 상태)을 뇌는 감내하게 된다. 이때 우리 몸은 연속된 화학반응으로 생기는 정신 현상과는 별개인 불안 상태를 조성하게 된다. 시트 속에서 당신은 자신의 불안을 보게 된다. 그리고 시트를 벗길 때 스트레스와 불안은 사라져 있을 것이다.

새로운 대안 슬로우 푸드(slow food)

미국의 다국적 패스트푸드체인사업에 따른 정크 푸드(junk food, 패스트푸드와 인스턴트 식품)에 대항하여 대량생산·규격화·산업화·기계화를 통한 맛의 표준화와 전지구적 미각의 동질화를 지양하고, 나라별·지역별 특성에 맞는 전통적이고 다양한 음식·식생활 문화를 계승 발전시킬 목적으로 1986년부터 이탈리아의 작은 마을에서 시작된 식생활 개선운동을 말한다.

5장

당신의 성적 본능을 자극하라

"지성은 절대적으로 사랑에 해롭다."
—마리-클레르 블래

의사는 누구를 막론하고 "섹스는 건강지수의 바로미터, 척도다."라고 말하곤 한다. 건강을 잃은 사람에게는 섹스가 독이 되기도 한다. 오래 전부터 "금전을 잃으면 조금 잃는 것이요, 명예를 잃으면 절반을 잃는 것이며, 건강을 잃으면 모든 것을 잃는 것이다."라는 말이 전해내려 오고 있다.

성적 본능은 젊음의 상징이자 즐거운 삶의 보물창고다. 성적 본능 덕분에 건강하게 오래 살 수 있다. 성적 본능이라는 용어는 사용하기가 무척이나 어렵다. 우리 삶을 풍부하게 해주는데도 말이다. 성적 다양성을 받아들이면, 다른 사람을 폭넓게 이해하고 따뜻하게 바라볼 수 있다. 자기 자신을 더 잘 알게 되면 죄의식을 가질 필요 없이 솔직하게 자신을 드러낼 수 있다. 또 자신의 한계점을 제기할 수 있고 이따금 그 한계를 뛰어넘을 수도 있다.

성적인 본능은 상상력과 긴밀한 관계가 있다. 상대를 상상한다는 것은 상대의 현재 모습보다 더 중요하다. 사랑스런 관계 속에서 진실을 아는 것은 진실 그 자체보다 강하다. 사랑에 빠지게 하는 성숙한 성적 본능은 우리 마음속에 내재하는 아이 및 청년과 다시 만나, 그 시절에는 가질 수 없었던 권리를 이제 허락해 주는 작업에 필요한 에너지다. 이 작업을 통해 아이와 청년의 본래 모습 및 깊은 본성과 다시 관계를 맺고, 그래서 또 다른 자아를 발견하게 된다.

용수철 같은 리비도

리비도(정신분석학에서 말하는 성욕, 성충동 또는 성적 에너지)는 삶을 영위하고 진척시키는 활력소 그 자체이다. 커플에게 리비도는 상대를 원하는 마음을 불러일으키는 동기다. 리비도가 줄어들면 성욕이 떨어지고 사그라진다. 이것은 상대와 섹스를 할 수 있다가 아니라, 섹스를 하고 싶다의 문제다. 두 가지는 전혀 다른 문제다.

인체생리학 측면에서 여러 해를 같이 보낸 커플이 리비도가 떨어지는 경우는 흔한 일이다. 성관계가 뜸해지다가 점차 드물어진다. 성욕 결핍은 빈번한 성의학 상담 소재다. 그렇지만 성욕이 떨어진 커플이 성욕을 유지할 수 있는 몇 가지 방법이 있다. 그러나 성욕이 공고해지는 특별한 방법은 없다. 그것은 유토피아다. 성욕은 있다가도 없고, 어떤 규칙을 따르지도 않는다. 성욕은 꿈과 현실 사이의 모호한 영역에 자리 잡고 있다.

1) 과학이 말해 준다

상대가 체외로 분비하는 페로몬이 성적 자극제임을 우리는 알고 있다. 최근 이런 실험 결과가 나왔다. 만남 초기에 여성은 남성의 땀 냄새에 이끌려 사랑에 빠졌는데, 3년이 지나니 땀 냄새가 여성을 불쾌하게 만들었다. 이 결과는 어떤 경우에도, 성욕이 더 이상 생기지 않을 때 죄의식을 지니거나 상대를 죄의식에 빠지게 해서는 안 된다는 점을 강조하고 있다. 이 결과는 사랑과 별로 관계가 없는 일이고, 위에서 말한 것처럼 생리학 차원의 문제다.

리비도가 줄어드는 것이 어쩔 수 없는 자연스러운 현상이기 때문이 아니다. 실례로 한 달에 12번 성관계를 하면 남자든 여자든 평균수명이 8년 늘었다. 10년까지는 아니다. 10년까지는 아니더라도 이런 사실을 알았으니 각자 생각해 볼 일이다.

Tips

눈으로 유혹하는 비결

유혹은 독특한 연금술이다. 유혹은 주체성과 상상력에 호소하는 것이다. 어떤 사람들은 여러 유혹 기술도 사용하면서 이런 호소도 잘 활용한다. 예로 들자면 일종의 '터널 효과'(양자역학에서 입자가 자신의 운동에너지보다 높은 에너지 장벽을 뚫고 원자 밖으로 튀어나가는 현상)라 할 수 있는 기법을 만들어내기도 한다. 터널 효과 기법은 상대로 하여금 지금 여기 말고 다른 세상은 존재하지 않는다는 느낌이 들도록, 상대의 눈 위쪽 양 눈썹 중앙 지점을 응시하면서 유혹하는 기법이다. 즉 상대의 눈을 직접 강렬하게 보지 않고, 상대가 무의식적으로 마주보고 있는 사람(유혹하고 있는 사람)의 시선을 정확히 자신의 시야로 끌어들이도록 상대를 부추기는 기법이다.

터널 효과 기법은 자기 주도로 상대를 유혹하려는 기법이다. 당신에게 말하고 있는 사람이 당신은 안중에도 없다는 듯 당신 뒤를 흘깃 쳐다본다면 기분이 나쁠 것이다. 도저히 참을 수 없는 일이다. 남성이든 여성이든 누군가가 당신을 유혹하려고 쳐다보지만, 당신은 무관심할 수 있다. 유혹을 받아들이는 눈치를 보여주지 않는다면, 유혹은 계속되는데 유혹하는 사람은 무엇인가 부족하다고 느끼고 실망스러워한다. 이것 말고 다른 접근 방법을 소개해보겠다. 상대의 시선을 똑바로 힘 있게 응시한다. 그 다음 눈을 내려서 입술을 바라보고 다시 눈을 응시한다. 아무런 말도 하지 않지만 모든 것이 가능해질 것이다.

유혹한다는 것은 상대를 자신의 세계로 데려오는 것이다. 그렇게 하려면 주저하거나 의심해서는 안 된다. 의심이 의심을 낳고, 주저가 주저를 낳는다. 단호한 결심이 상대를 안심시키고 단념하게 하며, 어린 시절의 평온하고 친절한 세상에 머물게 한다. 강한 면모를 보여야 하고, 상대와 함께 어디로 갈지 미리 생각해 두어야 한다. 설령 한 잔 하기 위해 어떤 술집을 정하는 것이라도 말이다. 곧은 자세로 고개를 들고서 확신에 차 걸으면, 상대는 안심할 뿐만 아니라 침착하면서도 강한 인상을 받게 된다.

2) 뇌를 에로틱하게 북돋우라

과학 연구진이 리비도의 동기를 해독해준 덕분에 우리는 리비도에 관여할 수 있게 되었다. 리비도를 자극하는 첫 번째 요소는 바로 변화다. 새로움이 존재하면 도파민 같은 행복 호르몬이 분비되어 리비도가 활성화된다. 그러니 우리 몸에 변화를 주자. 리비도를 짓누르는 타성에 맞서 뭐든 해보자.

헤어스타일, 머리 색, 향수, 옷 스타일을 바꾸자. 낯선 곳을 방문하고, 안 가본 곳으로 여행을 떠나자. 배우자에게 숨겨져 있을 특성이나 매력을 찾아내기 위해 둘이서 함께 새로운 운동을 즐겨보자. 새로운 악기를 연주하고 춤추며 노래하는 법을 배우자. 당신과 배우자 안에 숨겨진 매혹적인 면모를 발견할 상황 속으로 들어가 보자. 여러 해 사귀고 있는 커플이라면 리비도의 여러 동기를 마련한 다음, 커플 각자 안에 내재하고 있지만 그 동안 무시했던 가능성을 향해 진일보해 보라. 새 파트너와 함께 항상 같은 레파토리를 재현하며 돌고 도는 대신에, 우선 당신의 역량과 친화력을 키우도록 하라. 그렇게 해서 당신만의 장점이 되는 새로운 안정을 이루도록 하라.

뇌는 흥분이 일어나는 과정에 관여한다. 이따금 어떤 사람들은 리비도가 적어지고 오르가즘을 잘 느끼지 못하는 원인을 의학적으로 찾아낼 수는 없는지 궁금해 한다. 답변은 쉽다. 우리 몸에 쾌감 신호가 발생하는지 확인하려면 자위를 해보자. 쓸데없는 짓이라고 생각하고서 의사를 찾아간다면 그야말로 부질없다. 다만 이 '작은 쾌락'을 즐긴다고 해서 행복해지고 성숙해지는 것은 아니다.

기억을 되살려 과거에 강렬한 오르가즘을 경험하게 된 계기를 회상해 보는 것이 필요하다. 감춰진 그 계기가 다시 떠오르도록 때때로 재현도 시도해보자. 이따금 그때의 활력을 되찾기 위해 오래전 추억도 되살려 보자. 어떤 사람에게는 이런 노력이 어렵다. 특히 어린 시절 너무 일찍 성숙해져야만 했던 사람들, 어느 특정한 어린 시절을 빼앗긴 사람들은 그렇다. 어른이 된 지금, 산다는 것의 기쁨을 되찾기 위해 어린아이가 되도록 노력해야 한다.

당신 자신과 동반자의 마음속에서, 전혀 생각하지 못한 매혹적인 요소를 발견하는 날, 당신은 뛰어난 리비도와 행복의 필수적인 비결을 동시에 손에 넣게 될 것이다. 성욕도 되찾을 것이고, 매일매일 더 힘차게 살게 될 것이다.

3) 리비도는 지적인 이야기 소재가 아니다

성욕은 뇌 표면, 즉 대뇌피질 부위의 성욕 억제 기능이 철회되어야 커진다. MRI로 살펴보면 명확하게 알 수 있다. 이런 사실은 다음과 같은 사실을 의미한다. 즉 지능과 이성적 사유 능력을 활발하게 사용하면, 대뇌피질 부위가 자극을 받아 성적 충동의 증대를 차단한다는 것이다. 미국에서 실행된 연구인데, 수준 높은 공부를 계속한 대학생은 그렇지 않은 대학생보다 대학 마지막 학년이 되면 섹스 파트너 수가 4명 더 적었다는 결과가 나왔다. 물론 만남을 위한 시간을 덜 할애한 것도 요인이 된다.

연구 때 MRI로도 확인했는데 같은 결론에 이르렀다. 성 에너지(정력)를 자유롭게 발휘하고 잠재적으로 강하게 하려면 '중단할' 줄 알아야 한다. '일시적 단절'은 행복한 성생활에 필수적이다. 오늘날 성생활의 적이 나타났다. 그 적은 당신의 호주머니 속, 그러니까 생식기와 아주 가까운 곳에 있다. 바로 휴대폰이다. 고환이 열을 받으면 정자가 감소한다는 잘 알려진 사실을 굳이 말하지 않겠지만, 절대로 세상과 단절해 살 수 없는 사람들에게 해줄 말이 있다.

만약 당신이 항상 SNS, 이메일, 휴대폰 통화를 기다리고 있다면 대뇌피질을 자극하게 될 것이다. 그 결과 당신의 성생활은 초라해질 것이다. 성생활에 꼭 필요한 〈잡기-내려놓기〉 공간이 부족하기 때문이다. 만약 당신의 파트너와 기분 좋은 저녁을 보내고 싶다면 식사가 시작될 때 휴대폰을 꺼놓아라. 당신은 더 주의 깊게 감각과 상상력에 활기를 불어

넣으면서 파트너에게 많은 행복을 만들어줄 것이다. 저녁에 휴대폰으로 날아오는 문자나 메시지는 사랑의 훼방꾼이다. 지금 말고 아침에 열어보라.

황산화 물질(작용)의 역할

인간은 폐의 호흡을 통하여 산소를 인체의 세포마다 공급하게 되는데 신진대사 과정에서 발생되는 활성산소는 인체에 나쁜 영향을 끼쳐 각종 질병을 유발하게 되므로 이러한 활성산소를 억제하거나 제거하는 것이 매우 중요하다. 인체 활동으로 발생되는 산화작용으로 인하여 활성산소가 과도하게 발생하게 되면 인체의 조직세포가 빨리 노화가 진행될뿐더러 심장질환, 뇌질환, 암 등이 생기고, 각종 퇴행성 질환이 발병하게 된다. 이를 예방해주는 것이 바로 황산화 물질이다.

대표적인 황산화 물질로는 꿀, 오레가노, 블루베리, 아로니아, 아사이베리, 옐로푸드(바나나, 망고, 황도, 단호박), 딸기, 포도, 사과, 녹차, 은행잎 등이 있다. 의학계에서는 여기에 함유되어 있는 비타민 A, C, E를 주된 황산화제라고 명명한다. 그밖에도 황산화 작용을 하는 것으로는 마사지, 아로마오일 등도 있다.

리비도의 동기

리비도를 자극하기 위해 작용할 수 있는 기회나 동기는 많다. 리비도가 잠재적으로 강해지도록 모든 수단을 동원할 필요가 있다. 리비도를 다룰 때 흥미로운 점은 같은 자극에 우리 모두가 반응하지는 않는다는 것이다. 다른 사람은 아니더라도 당신은 반응을 보일 자극을 주저하지 말고 테스트해 보라. 그래서 나는 리비도의 자극에 다르게 접근하기를 권한다. 즉 당신에게 영감을 주는 자극에 주의를 기울이면서 자기의 길을 꼭 찾길 바란다.

Tips

자전거 타기와 여성의 리비도

게스 박사는 최근 연구에서 여성의 리비도 저하와 자전거 타기 사이에 명백한 관련이 있음을 증명했다. 이유는 간단하다. 자전거 안장에 앉으면 압박이 가해져 질과 항문 사이의 회음부에 하중이 계속 실리게 된다. 그래서 질 감각이 떨어진다. 만약 자전거 핸들이 안장보다 더 낮게 조절됐다면 회음부에 더 강한 압박이 가해질 것이다. 앞으로 구부린 자세도 불안을 가중시킨다. 물론 리비도에 불안을 느끼면서도 계속해서 자전거 타기를 원하는 여성들을 위한 해결책이 있다. 자전거 위에서는 곧은 자세를 취하고 핸들을 안장보다 높게 조절한다. 또 회음부에 압박이 가해지지 않는 안장으로 바꾼다. 참고로, 여러 과학 연구들이 남성에게 있어 자전거와 성생활의 관련성을 제시했는데, 특히 발기 문제를 제기하였다.

1) 한계에서 해방하기

리비도의 동기를 이해하려면, 이성이나 정치적 관점 따위에서 벗어나고 여러 터부를 무시해야 한다. 자신의 실제 성욕은 성생활에서, 그리고 건강을 유지하기 위해 필수적이다. 어떤 사람이 절반 정도의 리비도로 살아갈 때 그 사람은 곧 시름에 잠긴다. 이런 상황에서는 숨어 있던 스트레스와 불안이 드러난다. 삶이 우울해지고 불만 상태에 빠지고 만다. 질병이 서서히 자라는 부식토다. 우리 마음속 깊은 곳에 자리잡고 있는 것과 우리 삶 사이에 괴리가 있을 때, 숨겨져 있던 우울감이 밖으로 드러나기 마련이다.

공식적인 활동에서는 모든 것이 잘 돌아가는 듯 보이지만 현실은 다르다. 결국 겉치레로 살고, 다른 사람들에게 품위 있는 모습을 보이려 애쓰게 된다. 자기 삶의 무게 중심을 발견하고 활력의 근원을 찾아가는 노력을 기울이면, 강렬하게 살아가기 위한 힘을 방출할 수 있게 된다. 커다란 능력을 발휘하고 성공적인 삶을 살기 위해 '70리 장화'(프랑스 동화작가 샤를 페로의 『꼬마 엄지』에 나오는 장화로 한 걸음에 70리를 걸을 수 있음)를 신고 있는 것이다. 리비도는 성생활에 관여한다. 또 직업, 가정, 사회생활 등 어떤 분야든 뭔가를 시작하기 위한 에너지도 듬뿍 건네준다.

Tips

비밀스럽고 은밀한 이야기

전립선은 남성 생식기의 일부인 작은 샘이다. 방광 밑 그리고 직장 앞에 있다. 전립선이 직장과 접촉하면 민감해진다. 의사는 전립선을 다음과 같은 방법으로 검사한다. 전립선염에 걸렸을 때 담당 전문가는 전립선 마시지를 실행하게 된다. 그러고 나서 소변을 받아 전립선염의 요인이 될 수 있는 병원균을 찾는다. 전립선 마사지를 받으면 환자는 고여 있는 병원균을 소변으로 배출할 수 있다.

어느 날 파트너가 전립선을 부드럽게 자극하기만 했는데도 큰 쾌감을 느끼는 남성이 있다면, 남성의 리비도 동기 스위치를 눌러서 강렬한 리비도를 발산하게 하는 것이다. 동성애하고는 관련성이 적다. 별개의 문제다. 남성마다 각자 쾌감 부위가 다르다. 어떤 경우에도 죄의식을 느끼거나 조금이라도 걱정을 키우지 마라.

섹스가 성숙해지기 위해서는 성은 유희적인 세계에 머물러 있어야 한다. 성은 기쁨이다. 성은 우리 속에 잠들어 있는 명랑한 아이와 대담한 젊은이를 깨우는 데 한몫을 한다. 성은 각자의 개인사와 일직선상에 놓여 있다. 성을 활발하고 강렬하게 유지하려면, 풍부한 상상력을 발휘하고 자신의 성욕 출처를 찾아야 한다. 전립선을 자극하면 흥분하는 남성은 인간 몸속에 숨겨져 있는 성충동 동기 중 은밀한 카드 하나를 가지고 있는 셈이다. 상대를 알려고 애쓰는 사람은 사랑할 줄 아는 사람이다. 많은 커플이 이렇게 상대의 민감한 부위를 자극하면서 젊음을 새롭게 되찾는다. 성은 우리에게 좋은 곳을 찾아가기 위한 길이다. 상대를 이해하고 상대를 기쁘게 하려면 상대의 자연스런 성적 성향을 인정해야 한다. 또 무엇이 좋은지 정확하게 표현해야 한다. 좋아하는 것을 표현해야 완전한 행복의 상태에 도달할 수 있다. 또 다른 카드 하나를 제시하면 남성에게처럼 여성에게도 귓속을 부드럽게 마사지해 주면 같은 효과가 생긴다. 그래서 완벽에 가까운 기쁨을 만들어낼 수 있다. 당신은 어떤 것이 좋은가?

2) 신비한 크레마스터 반응

반사적 행동은 공격에 직면했을 때 스스로를 보호하려는 비자발적인 움직임이다. 반사적 행동은 우리가 진화에 적응하고 있음을 나타낸다.

넓적다리 상단 3분의 1 부위 안쪽에서부터 서혜부(사타구니 부분)를 향하면서 손으로 쓰다듬으면 크레마스터(음낭 속 고환에 들어 있는 정자들이 만들어지기에 적당한 온도를 유지하도록 고환의 수축과 팽창을 담당하는 근육) 반응이 일어난다. 크레마스터 반응은 남성의 경우 고환이 빠르게 위쪽으로 올라가는 현상을, 여성의 경우 대음순이 수축되는 현상을 말한다. 이 유서 깊은 반응은 아득한 옛날, 벌거벗은 인간(유인원)이 네 발로 대초원을 걸어다닌 시대에서 유래되었다. 걸어가다가 넓적다리가 가시덤불에 닿아 문질러지면 고환이 자신을 보호하기 위해 올라간다. 여성의 경우 질을 보호하기 위해서다. 인류가 선사 시대의 반사적 행동을 유지해 왔기에 우리는 쉽게 이 반응을 불러일으킬 수 있다. 게다가 이 반응은 고환 통증이 있는 환자들을 검진할 때 사용된다.

한번 시도해 보라. 몸에 해로울 것은 없다. 이런 동작은 성적 흥분을 높여 준다. 또 생식기 부위의 혈액순환을 최적화시켜 주고 신경을 더 예민하게 해주고, 자극에 더 잘 반응하게 해준다. 쾌감으로 넘어가는 문턱이 더 가까워졌다. 당신의 몸을 또 파트너의 몸을 이렇게 쓰다듬어 주면 당연히 긴장이 풀어지고, 성관계가 즐겁고 유쾌해진다. 성생활이 조화를 이루려면 〈잡기-내려놓기〉가 필요하다. 처음에는 넓적다리 안쪽에서부터 위쪽으로 쓰다듬어 주면서, 어느 쪽으로 손놀림하면 좋은지 알아본다. 성적 반응이 아주 두드러지면 제대로 한 것이다.

3) 애무와 마사지

모든 것은 최근에 발견한 사실에서 시작된다. 미국 연구진들이 유독 애무를 의식하는 특별한 신경총(신경섬유가 그물처럼 얽혀 있는 것)을 우리가 활용하고 있다는 사실을 알아냈다. 이 신경총의 이름은 'CT 섬유'다. CT 섬유가 활발해지면 감정이 풍부해진다. CT 섬유는 태어날 때부터 있었고, 엄마와 신생아가 몸으로 나누는 최초의 언어 중 하나다. 오직 쾌감만을 대상으로 하는 이 신경총은 피부의 수용기에서 출발해 뇌의 감정조절 부위로 연결된다. 대부분 우울할 때 CT 섬유는 활성화되지 않는다. 그렇게 삶은 균형과 커다란 행복의 근원이 되어주는 CT 섬유의 혜택을 맛보지 못하고 흘러갈 때가 많다. 그렇지만 이 CT 섬유를 자극하면 본래의 기능이 되살아나 행복을 느낄 수 있다.

CT 섬유는 주로 털(아주 가는 잔털은 말고)이 나 있는 부위와 등, 팔뚝에 있다. 참고로 손바닥과 발바닥을 애무한다고 하더라도 아무 소용이 없는데, 여기에는 CT 섬유가 없기 때문이다. CT 섬유를 제대로 자극하면 감미로운 느낌이 든다. CT 섬유가 애정 호르몬이자 쾌감 호르몬인 옥시토신 분비를 유발하기 때문이다.

무엇보다 CT 섬유를 잘 애무해 바라던 반응을 일으키기 위해서는 속도 개념이 필요하다. 과학자들은 애무할 때 대략 초당 3~5센티미터가 적당하다고 말한다. 너무 느리면 기능을 못하고 파트너가 짜증을 낸다.

너무 빠르면 순조롭게 나아가기 어렵다. 파트너는 의무감으로 상대하고 있다고 느낄 것이기 때문이다. 어느 정도의 속도로 진행해야 CT 섬유가 작동한다. 당신 몸으로 연습해 보라. 팔뚝 길이를 잰 다음, 스톱워치를 작동시키고서 팔뚝을 쓰다듬는다. 5분만 연습해도 적당한 속도를 체득할 수 있을 것이다. 참고로 애무는 간지럼 태우기와 비슷하다. 간지럼 태우기는 자기 자신이 아니라 상대에게 하는 것이다. 두 번째 중요한 사항은 적당한 압력으로 누르며 애무해야 한다는 것이다. 너무 약하지도 너무 세지도 않게 말이다. 적당한 압력을 알아보자. 당신 살갗에 5센티미터 길이의 종이를 올려놓은 다음 밑으로 떨어뜨려라. 곧 적당한 압력을 알게 될 것이다. 적당한 압력의 애무는 부드럽고 매혹적이다. 애무할 때 손은 너무 차지도 너무 따뜻해서도 안 된다.

과학자들은 "과도함은 행복의 방애물이다."는 점도 상기시켰다. 80회 이상 애무를 하게 되면 쾌감 중추가 지쳐 버려 파트너의 만족감이 사라진다. 누가 애무를 하는가는 별로 중요하지 않다. 중요한 것은 쾌감을 야기하는 마법의 CT 섬유 자극을 일으키는 훌륭한 애무 기법을 사용하는 것이다. 그래서 모르는 사람이 당신의 팔뚝을 쓰다듬으려고 할 때에는 피하는 것이 상책이다. 상황 조절력을 상실하고 빠르게 흥분될 우려가 있기 때문이다. 게다가 연구진들은 애무 때문에 생기는 위험도 언급했다. 즉 누군가의 팔을 가볍게 만지면, 그 사람은 타인에 대한 방어 시스템을 어느 정도 상실하고 타인에게 더 개방적이게 된다. 만약 이 터치가 깊은 애무로 이어진다면 그 사람은 자제력을 발휘하지 못할 위험이 있다.

마사지는 여러모로 건강에 아주 좋게 작용한다. 단지 몸을 이완시키는 것만 아니라 여러 이익을 제공한다. 캐나다 연구진들은 주당 45분 동안 마사지를 받으면 림프구(백혈구)가 혈액 속에서 차지하는 비율이 27%로 증가한다고 밝혔다. 이 말은 우리 몸의 면역 방어력이 향상되었다는 것을 의미한다. 연구진들은 마사지를 받고 나면 스트레스 호르몬인 코르티솔 양, 혈압, 심박수가 낮아진다는 점을 강조했다. 실제로 피부가 기계적으로 압력을 받으면, 몸속으로 DNA를 견고하게 하고 염증을 줄이게 하는 화학 메시지가 전달된다. 이렇게 마사지는 자연스럽게 건강의 근원이 되어 주고, 많은 이득을 가져다준다.

포옹을 주고받고, 서로의 몸을 꽉 안아주면 서로에게 이롭다. 최근 연구에서 감기 바이러스에 노출된 임상실험 대상자들이 규칙적으로 포옹을 하면 증상이 덜해진다는 결과가 나왔다. 마찬가지로 포옹을 자주 하는 커플은 스트레스에 덜 민감해지고, 외적인 일로 긴장할 때에도 심박수와 혈압이 대체로 낮아진다. 또 다른 연구진들은 잠들기 전에 사랑하는 사람의 몸을 어루만져 주면 마음이 평온해지고 잠도 잘 자게 된다는 사실을 밝혀냈다.

4) 에로틱한 뇌의 시동장치 : 스위치를 눌러라

최근에 여러 발견을 통해 에로틱한 뇌를 자극하는 여러 '스위치'를 확인할 수 있었다. 이 연구는 에로티즘의 비밀과 내적인 작용을 밝히는 작업이다.

젖꼭지 자극

첫 번째 과학 연구팀이 두 가지 기능을 실행하는 과정에서 아주 독특한 신경섬유들의 진행 코스를 밝혀냈다. 소름 돋기와 남녀 모두의 젖꼭지 발기가 그 기능이다. 젖꼭지 발기는 여러 상황에서 일어난다. 추울 때, 아기가 젖을 빨 때, 무엇보다 파트너가 손가락이나 혀로 애무할 때 일어난다. 애무로 자극하면 특수 물질을 내보내면서 일련의 반응들이 일어난다.

두 번째 과학 연구팀이 작업에 들어가려 할 때 놀라운 일이 벌어졌다. 임상실험 대상자들이 젖꼭지를 자극하는 실험을 수락한 것이다. 연구진이 MRI를 통해 확인한 것은 젖꼭지를 자극할 때 반응하는 뇌 부위와 질, 자궁 입구, 음핵이 흥분할 때(오르가즘을 경험할 때) '불이 켜지는' 뇌 부위가 정확하게 같다는 것이다. 동시에 젖꼭지가 흥분하면 옥시토신, 도파민, 엔도르핀 같은 쾌감 호르몬이 분비된다.

이 연구진들은 에로틱한 뇌를 활성화시키고 최상의 리비도를 맛볼 수 있기 위해 젖꼭지를 자극하는(남녀 모두) 것이 얼마나 중요한지를 증명했다. 젖꼭지는 성적 욕망을 불러일으키는 데 관여하는 주요 성감대다. 그러니 성생활을 최적화하는 예비 프로그램에 참여하는 것을 굳이 주저할 필요가 있겠는가!

'이각 배모양' : 정복의 스위치

이 스위치를 누르면(이 부위를 자극하면) 에로틱한 뇌에 일종의 불꽃을 일으킬 수 있다. 이각 배모양(Concha Cymba 귀의 밖으로 드러난 부분 중 귓구멍 바로 위 오목한 곳)은 귀의 비밀스러운 곳, 은밀한 공간에 있다. MRI 기술이 발달해, 자극을 받은 이각 배모양이라는 잠재적 강자를 발견할 수 있었다. 과학 연구팀은 귓불도 자극해 보았다. 결과는 놀라웠다. 귓불은 특별한 것을 보여주지 않았다. 반면 이각 배모양은 자기만의 위력을 보여주었다.

이 부위를 계속해서 가볍게 자극하면 대뇌의 특수 부위가 활성화되어 뇌가 연쇄적으로 개입한다. 즉 쾌감 감지, 보상회로와 쾌감회로, 현저한 쾌감 발생의 빠른 시작 등이다. 연구진은 심장과 소화 활동 조절에 아주 중요한 미주신경을 이각 배모양이 자극하는 과정에서도 주목했다. 부드러운 이 자극 덕택에 성관계를 조장하는 이완 활동이 이루어진다.

3분이면 충분하게 이각 배모양을 제대로 자극할 수 있다. 대체로 작은 부위여서 혀로 자극하는 것이 효과적이다. 원형 모양인 혀끝으로 자극하면 그 효과에 깜짝 놀랄 것이다. 다시 말해 파트너는 전율을 느끼고 소름이 돋을 것이다.

크라우스 소체의 능력

크라우스 소체(생체 조직 따위에 있는 특수한 기능의 작은 부분)는 추위와 부드러운 압력에 아주 잘 반응하는, 작고 민감한 감각 수용기 그룹이다. 크라우스 소체들은 여성은 클리토리스, 남성은 귀두 등쪽 부위 그러니까 귀두에서 시작해 페니스 밑으로 이어져 있는 작은 줄기들에 집중되어 있다. 여성은 클리토리스 부위를 자극할 줄 아는데, 대체로 남성은 이 작은 줄기들을 활용할 줄 모른다. 귀두 등쪽 작은 줄기 하나의 길이는 1센티미터라서 아주 작지만, 쾌감의 시동장치 역할을 충분히 한다.

당신은 소름이 돋을 때 느낌을 알 것이다. 몸의 털이 곤두서는데, '털 발기'라고 할 수 있겠다. 털이 곤두서는 것은 추위에서 몸을 보호하고 체온을 잘 조절하기 위해, 털 밑바닥에 있는 작은 근육들이 수축되어서 생기는 현상이다. 남녀의 젖꼭지는 추울 때나 자극 받았을 때 일어나 솟아오른다.

귀두의 작은 줄기를 직접 어루만지거나 파트너에게 부탁하면 페니스가 아주 단단하게 발기한다. 역설적인데 차가운 손가락으로 어루만져야 쾌감과 열기가 커진다. 차가운 손가락이 질 안쪽에서 덥혀질 거라는 생각만으로도 쾌감이 강화된다. 크라우스 소체는 낮은 온도에서 가벼운 압력으로 자극할 때 가장 민감하다.

균형 잡힌 성생활을 즐겨라

이런저런 불안과 걱정이 스며들지 않는다면, 섹스는 건강에 정말 좋다. 만족스럽지 못할까봐 걱정, 섹스는 하고 싶은데 발기가 안 될까봐 걱정, 조루는 아닐까 걱정……. 섹스가 스트레스 요인이 된다면 섹스가 주는 건강상의 이득은 사라지고 만다.

1) 마음 먹은 순간에 사정하기

섹스를 처음으로 할 때, 너무 빨리 사정하는 것은 흔히 있는 일이다. 새로운 일을 접할 때나 흥분할 때 우리 몸은 조절력을 상실하는 심리적 과정을 거친다. 그러니 걱정할 필요가 없다. 대체로 그 다음 섹스를 할 때에는 제대로 할 수 있을 것이다. 다른 경우라면 문제는 지속되겠지만 말이다.

넓적다리로 하는 미묘한 테크닉

조금 있으면 사정이 될 것 같다고 느낄 때, 커플 사이의 쾌감을 오래 유지하기 위해 사정을 늦추고 싶다면 간단한 몸짓을 몇 차례 시도해보자. 우선 섹스하는 동안 양쪽 넓적다리를 최대한 벌리자. 넓적다리의 힘이 떨어졌다고 느껴질 때까지 이 자세를 유지하자. 그 동안 호흡을 천천히 깊게 하면서 딴 생각을 하자. 순간적으로 떠올린, 조금은 우울한 생각이 좋다. 의외로 넓적다리 벌리기가 좋은 결과를 가져다준다.

음경 지속발기증이 있으면 조속히 의사에게 진찰을 받아야 한다. 치료에 들어가기 전에, 발기 강도를 낮추기 위해 쪼그려 앉기를 여러 차례 반복하자. 전립선은 밖으로 정액을 배출하기 위해 수축된다. 양쪽 넓적다리를 꽉 조이면 사정하는 데 도움이 되고, 반대로 넓적다리를 벌리면 전립선 주위의 수축성 근육의 압박이 느슨해진다.

Tips

발기에 좋은 묘약

일반 음료를 연구하던 연구진은 그 중 커피가 지닌 특성을 밝혀냈다. 커피를 하루에 두세 잔 비율로 마시면 발기를 최적화할 수 있다는 것이다. 연구에 참여한 남성들은 다른 남성들보다 발기가 대략 40% 개선된 경험을 했다. 카페인이 페니스의 동맥을 팽창시키고 발기를 개선시킨다. 나는 처방된 약의 복용량을 초과해서 먹지 말라고 말한다.(커피도 마찬가지다.) 제2의 묘약은 더 단순하다. 바로 물이다. 우리 몸에서는 수화(어떤 물질이 물과 결합하여 수화물이 되는 현상)가 잘 이루어진다. 성행위는 에너지가 소비되고 땀이 나는 생리적 행위다. (체내에서 수분이 많이 빠져나간다.) 성행위 전에 충분하게 물을 마셔 두지 않으면, 피로감과 무기력함을 경험할 것이다. 혈압이 조금 내려갈 것이고 발기가 조금 어려워질 것이다. 또한 커피 마실 때 큰 컵으로 물 두 잔 마시는 것도 유념해 두자.

2) 약과 리비도는 사이가 좋지 않다

당신이 복용하고 있는 약 때문에 리비도가 낮은 것은 아닐까 염려되면, 지체 없이 그 사실을 의사에게 말하라. 실제로 상당수 약이 남녀 모두의 리비도를 소리 소문 없이 점진적으로 약화시킨다.

이럴 경우 의사는 부작용이 없는 다른 약을 찾아볼 것이다. 또 리비도 문제가 치료를 시작했을 때부터 있었는지 확인하면, 의사가 해결책을 알려줄 것이다.

나는 요즘 유행하고 있는 발기부전 치료제에 다소 부정적인 견해를 가지고 있다. 물론 정상적인 경우가 아니라면 의존하는 건 어쩌면 당연하다. 일부 환자들은 비아그라를 '신의 선물'이라 표현하기도 한다.

3) 섹스, 언제하면 좋을까?

식사시간 전과 후 중 언제 섹스를 하면 좋을까?

답은 간단하다. 식사 전보다 식사 후가 좋다. 특히 여성은 속이 비었을 때보다 식사를 하고 났을 때 유혹에 훨씬 더 민감하다.

음식을 먹어야 뇌는 식사 이외의 또 다른 즐거움을 즐기고자 하는 보상체계를 활성화시킨다. 흥겨운 시간에 맛있는 음식을 먹을 때와 같다. 즉 디저트를 먹으려고 하는 것은 현재의 조화로운 시간을 연장하고 싶어서다. 마음이 열리고, 긴장이 풀린다. 그래서 섬세한 태도에 더욱 민감해진다. 다른 관점인데, 다이어트 경험이 있고 체중 유지에 신경 쓰는 여성이 일단 배가 부르면 또 다른 즐거움을 훨씬 더 잘 이해할 수 있다. 음식이 부족하면 모든 감각이 허기진다.

저녁과 아침, 언제가 좋을까?

과학자들이 밝혀낸 사실을 보면, 충분하게 잠을 잔 여성은 그 다음날 파트너를 향한 성적 욕구가 현저하게 커진다고 한다. 잠이 부족하면 개방성이 부족해지고 스트레스와 피로가 증가해, 조화로운 성생활에 필요한 민첩성이 떨어진다. 파트너가 자고 싶어 하면 잠자게 내버려두고 이튿날 아침을 기다리는 것이 낫다.

파트너와 함께 한잔하기

미국의 수플레 박사는 평균 33년을 같이 산 4,800쌍의 부부를 대상으로 연구를 했다. 수플레 박사는 절제 있게 술 한잔 같이 하는 습관을 가진 부부가 더 행복하고 명랑하며 서로 잘 통한다는 사실을 발견했다. 알코올 중독이 아니라, 몸을 편안하게 휴식주기 위해 서로 주고받는 한잔을 말한다. 반대로 부부 중 한 사람만 술을 마신 경우에는 어떤 이로운 메커니즘도 작동하지 않았다.

부부끼리 한잔 하면 서로의 생각과 감정을 공유하는 기회를 갖게 된다. 소통하기 좋고 부부간의 활력소가 되어주는 순간이다. 적은 양의 술을 마시면 둘 사이의 긴장이 풀리고 편안해진다. 상대에게 더 잘 마음을 오픈할 뿐만 아니라 가끔은 숨겨진 성적 욕구를 표현하는 기회이기도 하다.

4) 섹스가 바로 건강의 바로미터다

남성과 여성 모두에게 원활한 성생활은 심혈관 계통의 기능을 좋게 해준다. 프라밍햄 연구소의 연구를 비롯한 여러 연구 논문이 이런 사실을 증명했다. 여성의 경우, 폐경 나이가 7년 늦춰질 수 있다고 하는데, 다만 혈관상의 위험 요인(담배, 콜레스테롤, 고혈압, 비만 등)이 있다면 오히려 줄어든다. 남성의 경우, 불안정하거나 강도가 약한 발기 장애는 발기에 관여하는 아테롬(관상동맥이나 말초 동맥 내에서 주로 침전되는 콜레스테롤이나 단백질 성분의 물질, 죽종)판과 관련이 있다. 또 아테롬판은 경동맥을 통한 심근경색의 원인이 될 수 있고, 뇌졸중을 일으킬 수 있다.

신기한 마늘의 효능

영국의 최근 연구에 의하면, 여성은 마늘을 먹은 남성의 땀에서 마늘 냄새를 분간한다고 한다. 이런 이유로 연구진은 남성 그룹에게 마늘을 먹게 한 다음, 겨드랑이의 땀을 솜으로 받아 연구해보았다. 그 결과 여성들은 마늘을 먹지 않은 남성보다 마늘을 먹은 남성의 땀 냄새를 훨씬 더 선호한다는 것을 알아냈다. 과학자들은 파트너에게 가해지는 입김의 영향력을 특별히 언급하지는 않았다. 나는 마늘을 먹은 사람에게 입김 냄새가 나지 않도록, 커피 원두나 파슬리, 박하를 씹는 등의 간단하고도 효과적인 수단을 이용하라고 권하고 싶다.

다른 과학 연구에서는 1년 동안 매일 마늘을 먹으면 아테롬성 동맥경화증 때문에 생긴 물렁물렁한 판의 양이 현저하게 줄었다는 결과가 나왔다. 원래 이 판들은 동맥을 막아버리는데, 이 판 때문에 대사증후군(고혈압, 복부비만, 콜레스테롤 과다)을 앓는 환자 몸속에 새로운 판들이 더 만들어질 수 있다. 또 이 물렁한 판이 전체적으로나 부분적으로 동맥에서 뚜렷하게 보이면, 이것이 뇌졸중의 원인이 될 수 있다.

현재까지 위와 같은 증거가 나오기는 했지만, 마늘이 성생활에 직접 어떤 효능을 끼치는지 연구된 것은 없다. 다만 동맥 혈관을 좁게 만드는 판들을 마늘이 줄여주는 덕분에 동맥 혈류량이 개선되고, 그래서 발기가 훨씬 잘 될 것이다.

얼마나 먹어야 할까? 하루에 생마늘 한 쪽이 이상적이지만, 각자 자율적으로 결정할 일이다.

요통과 섹스 사이의 관계

많은 남성과 여성이 요통과 반복되는 좌골 신경통으로 고통을 겪고 있다. 어쩔 수 없이 고통을 껴안고 산다. 최근 과학 연구에서 요통이 성생활에 영향을 준다는 사실을 밝혀냈다. 남성이 고민하는 발기와 사정 장애는 척추 아래쪽과 관련이 있다고 강조했다. 여성의 경우, 이 증세 때문에 오르가즘에 도달하기가 정말 어려워진다.

성생활에 어려움을 야기하는 복잡한 심리적 요인을 찾기 전에, 너무 일찍 약의 도움을 받기 전에, 요통과 관련해 의사와 상담하는 것부터 시작하기를 권한다. 물리치료사가 주도하는 마사지와 운동, 정형외과에서 추천한 신발 깔창이 도움이 될 것이고, 그 외 요통 완화에 도움이 될 만한 것을 찾아봐야 한다. 그렇게 통증을 덜어야 성생활을 제대로 할 수 있을 것이다.

5) 최선의 선택이 오히려 행복의 방해물이 될 수 있다

실제로 더 좋은 것을 찾으려 애쓰다가 모든 것을 잃을 수도 있다. 더 나은 상황이 되기를 바라면서 오히려 상황을 엉망으로 만드는 경우가 종종 발생하곤 한다. 일이 늘 잘 되기만을 바라고, 비현실적인 요구를 스스로에게 강요하는 것은 오히려 자아 존재감을 떨어뜨리는 일이다. 미세한 개선을 위해 많은 에너지를 소모하게 되고, 적절하지 않은 방법을 사용한다. 해볼 만한 가치가 없는 일인데 그걸 못했다고 풀이 죽는다. 이렇게 실패 상황을 되풀이하면 불행해진다.

문제를 뒤집어서 생각할 줄 알아야 한다. 살을 빼려고 다이어트를 하는데, 지나치게 야윌 정도로 무리를 하면 흔히 요요현상을 경험하게 될 것이다. 달성하기 무척 힘들 정도로 지나치게 살을 빼고 싶은 욕망은 갑작스런 불안 심리를 보충하기 위해 충동적인 섭취로 이어지곤 한다. 처음 1년은 소박한 목표를 세워 실천하는 것이 좋고, 일단 그것이 성공하면 자신감이 생겨 조금 더 큰 목표에 도전하면 된다.

성생활도 마찬가지다. 영국에서 366명의 여성들을 대상으로 한 최근 연구는 완벽한 성생활을 추구하다 보면 아예 리비도를 수장시킬 수 있다고 경고한다. 남성이 파트너에게 지나친 요구를 하면, 여성은 그 요구를 충족시키지 못해 불안에 빠진다. 여성은 더 이상 만족감을 느끼지 못하게 되고, 과도한 압박 때문에 성생활에 부정적인 결과를 낳는다. 파트너에게 완벽주의적인 성생활을 강요하면 부부 관계는 소원해질 수밖에 없다.

당신이 성관계를 가질 때 꼭 이렇게 해달라고 강요하지 마라. 집착을 버리고, 어떻게든 훌륭하게 해내려고 하지 말며, 현실에서는 있을 수 없는 성적 판타지를 이루려고 하지 마라. 불완전함 속에서 커플 간의 성생활이 아름다워지고 힘이 생긴다. 어떤 규칙과 규범에 얽매이지 않으면서 창의성을 표현하고 의견 일치를 이루어 보자.

6) 스트레스를 훌쩍 뛰어넘어라

성은 삶을 더 강렬하게 느끼게 해주는 마력이 있다. 상대와 감정적으로 잘 이어지고 놀라운 사랑의 연금술을 발휘하려면 성적 공감대를 형성해야 한다. 성은 우리가 어떤 존재인지를 잘 알려준다. 우리가 온전한 자신이 되었을 때, 이런저런 터부와 관습에서 자유로워질 때 성은 조화를 이루게 된다. 거북하더라도 각자 마음 깊은 곳에 있는 것을 보여주어야 한다. 성은 논리적이고 이성적인 규칙을 강요하지 않고, 〈잡기-내려놓기〉를 통해서 활기가 생긴다.

이런 이유로 스트레스를 받은 사람은 자신의 성적 본능이 쇠약해졌음을 알게 되고, 그런 사실을 알고서 더욱 더 스트레스를 받는다. 이상스럽게 불편함이 계속 느껴져 일시적인 보상으로 해결하려고 한다. 술, 기름지고 단 음식, 담배, 마약 따위는 불안감을 떨어뜨리려는 일시적이고 잘못된 해결책이어서 문제를 더 악화시킬 뿐이다.

이런 사실을 몰라서 불안은 더욱 가중된다. 그런데 이 신호를 알아차려야 한다. 가짜 호출을 예로 들겠다. 만약 전화가 오지 않았는데도 휴대폰이 진동한다고 느꼈다면, 불안해하고 있음을 나타내며 이것은 과학적으로도 증명된 사실이다.

7) 사랑의 한계를 극복하라

첫 번째 한계

상대를 있는 그대로 바라보지 않고, 자신이 원하는 모습으로 바라본다면 그것이야말로 사랑의 첫 번째 한계에 부딪치고 말 것이다. 사랑은 유혹과 반대다. 사랑한다면 어려운 역할도 감수하고 받아들일 줄 알아야 한다. 사랑한다면 귀를 기울이고 주의 깊게 지켜봄으로써 상대가 잘 표현하지 않는 것도 알아챌 수 있다. 사랑의 진리를 표현해 주는 사랑의 비밀스런 부분과 수수께끼를 발견하기 시작해야 한다.

사랑은 특정한 존재를 성숙으로 이끌어 주기도 한다. 자신의 감춰진 욕구를 억누르는 것만이 사랑이 아니다. 은밀하게 감춰진 자신의 욕구를 인정하면서, 작은 스크린을 보듯 서로를 바라보는 것이다. 상대의 욕구 영역에 들어가기 위해, 자신의 인격을 왜곡하면서까지 따를 수는 없다. 자기 자신이 주체가 되는 것이 불가능하다고 느끼면 나날이 행복에서 멀어지게 되고, 커다란 욕구불만을 야기하게 된다. 겉으로 보기에 투명하고 창살 없는 감옥에 갇힌 셈이다. 그래서 그 희생자는 자기 자신의 감시자가 되고 만다. 말 그대로 우울증, 질병, 침묵만 남게 된다.

떳떳하게 자기 자신이 주체가 되지 못한 사람은 나날이 자신감을 상실하게 될 것이며, 자신의 깊은 내면의 현실 세계는 해체되어 사라질 것이다. 서서히 죽어가 더 이상 존재하지 않는 것과 다름없다. 재빨리 저항해야 한다. 시간이 지날수록 불안정한 모래밭으로 빠져드는 것이다. 자신이 상대의 눈길을 받지 못한다고 느끼는 사람은 상처받기 쉽다. 자신이 믿는 욕구 영역을 긍정하고 보호하지 못하면, 점차적으로 상대의 욕구 영역에 몸을 맡기는 꼴이 된다. 사랑할 수 있기 위해서는 무언가를 받으려 애쓰지 말고 서로 내어줄 수 있어야 한다. 사랑은 빚도 아니고 매매계약도 아니다. 하늘이 준 선물 중에 가장 위대한 것이다.

어떤 사람들은 사랑하는 능력의 한계 앞에서 물러서거나 뒷걸음질 치고 만다. 그들은 항상 핸드브레이크를 사용하며 차를 모는 운전자와 같다. 누가 그들을 만나더라도 그들은 사랑을 할 수 없다. 더 명확하게 말하자면 그들이 '사랑한다'라고 말하는 것은 실제로 사랑과 조금도 관련이 없다. 그들은 사랑과 성관계 때의 만족감을, 사랑과 물질적 안락을, 사랑과 사회적 능력을 혼동하고 있다.

사회적 교육을 통해 여러 본보기가 사람들 머릿속에 이미 주입되어 있다. 그 본보기는 '사랑하기가 불가능해졌다'라고 사랑을 정의하고 있다. 어느 누구도 이런 본보기에서 벗어나지 않는다면, 성숙이라는 것을 발견하기는 어려울 것이다. 그 사람은 누군가를 불행하게 만들 것이고 결국엔 자신도 불행해질 것이다. 그 사람은 상대에게 거짓된 감정과 불쾌감만을 전해줄 것이다. 사랑할 수 있으려면 자유, 즉 생각하고 지켜보며 행동하는 자유를 연습해 두어야 한다. 자기 자신이 주체가 되어야 한다. 현실을 왜곡하지 않으면서, 이러이러해야 한다는 모습으로가 아니라 있는 그대로의 자기 모습으로 상대를 사랑하기 시작해야 한다.

사랑한다는 것은 자기 자신과 타인들 사이에 있는 진리의 시금석이다. 한 커플의 힘과 안정은 서로의 약함을 인정하고 사랑하는 것에서 비롯되고, 그러다 차츰차츰 약함에서 벗어나 이내 힘과 안정을 되찾을 것이다. 지금의 약한 면모는 서로를 받아들이면 강한 것으로 변하게 되고, 지금의 강한 면모는 반대로 상대를 상처받기 쉽게 만들 것이다. 나르시시스트적으로 자기를 돋보이게 하는 사람처럼, 각자가 자기의 강점을 선보이면서 관계를 형성하는 커플은 첫 번째 난관(한계) 앞에서 망설이게 될 것이다. 이런 사람은 곧 주저앉아 버리고 말 것인데 스스로 가치를 부여해온 기존의 면모가 무색해졌기 때문이다.

우리 주위에는 그런 예들이 무수히 많다. 커플 중 한쪽이 자신이 중시해 온 삶의 축을 상실하는 순간, 그 커플은 깨지고 만다. 반대로 자신의 나약함을 인정하는 커플은 결코 불안해하지 않는다. 후자의 커플은 각자 온전한 상태를 유지하면서, 금방 활기를 띠게 해줄 지렛대를 찾을 것이다.

두 번째 한계

사랑하는 능력의 두 번째 한계는 보수주의다. 사랑은 정체의 반대여서 항상 변화할 필요가 있다. 누구나 항상 스스로를 재발견할 수 있어야 한다. 쉬운 일이 아니다. 어떤 커플의 관계나 균형이 불안정할 때, 균형을 되찾기 위해 무엇이든 조치를 취해야 한다고 믿기 때문이다. 쾌감은 신경을 쓰지 않으면 세월이 흐름에 따라 점차로 약해진다. 사랑하는 능력은 항상 커플을 재발견하는 능력이다. 더 나아지기 위한 과정이지만 힘든 작업이기도 하다.

활력이 삶을 강하고 생기 있게 해준다. 실수를 두려워하지 말아야 한다. 자기를 초월하려는 법을 익히기 위해 서로에 대하여 관심을 기울이자. 그런 길이 있는지 찾아보자. 사람들이 도달하기 힘들 거라 생각하는 영역을 향해 좀 더 나아가자. 많은 사람은 파트너를 바꾸면 변화에 도움이 되지 않을까? 생각한다. 틀렸다. 새로운 파트너를 만나더라도, 각자가 이미 경험한 똑같은 이야기를 주고받을 것이다. 각자 자신을 돋보이게 하고 약간은 거짓말도 섞으면서, 자기 아닌 모습을 서로 보여줄 것이다. 이렇게 하면 새로 시작하는 느낌이 들긴 하겠지만 실제로 새로운 일은 일어나지 않는다. 진정한 시도는 서로 거짓말을 하지 않으면서 둘이 새로운 공간을 나누어 갖는 것이다. 이런 시도로 둘은 성숙해져 갈 것이다. 또한 상대와 공유하지 않는 즐거움은 불충분한 것이라고 여기게 될 것이다.

끝을 알리는 신호를 알아차리기

사랑이 더 이상 순환하는 에너지가 아닐 때, 어떤 커플에게 불시에 들려오는 여러 경보음을 알아차릴 줄도 알아야 한다. 상대에게 다가가지 않는 이유를 열거하기 시작하는 순간, 서로 이해타산을 따지게 되는 순간이 되고 만다. 다른 삶에 매료되었기 때문에, 다르게 살기 위해 떠나야 한다고 알려주는 신호다.

이럴 때 죄책감을 가지면 역효과가 발생하고, 그저 서로의 이야기가 끝났음을 인정하면 된다. 때로는 침착하게 고통을 받아들이고 더 멀리 나아갈 줄 알아야 한다. 다른 만남, 다른 매력이 불시에 나타날 수도 있다. 그렇게 새롭게 만난 두 존재의 매력 속에는 신비한 무엇인가가 있다. 논리와 이성에서 벗어나야 한다. 매력은 우리도 모르는 사이에 작용한다. 과학자들은 틀림없이 그런 매력을 납득하기 위해 매력이 남긴 초기 흔적을 발견했을 것이다. 과학자들은 사람 눈 속에 존재하는 색소인, 빛과 자기장에 민감한 크립토크롬의 존재를 밝혀냈다. 아마도 애정 깊은 사람들이 연인이 되는 과정을 설명하는 사랑의 가설이 세워질 수 있지 않을까?

8) 흔들어 재우기는 사랑의 표현이다

모성적 본능의 몸짓 중 하나는 아기를 천천히 흔들어 재우는 것이다. 느리고도 규칙적인 이 움직임은 아기를 달래주고 편안하게 해준다. 아기의 머리와 목덜미를 손으로 떠받치면서 팔을 시계추처럼 왔다 갔다 하면, 아기는 더할 나위 없이 안심을 하게 된다. 이렇게 자는 아이는 조화와 이완을 느끼며 서서히 꿈나라로 흘러 들어간다. 후일 커서 우리는 다른 방식의 규칙적인 움직임으로 그때 상태를 다시금 누리게 된다. 흔들의자, 그네, 그물침대와 같은 움직임 말이다. 그러나 느낌은 같지 않다. 차원이 전혀 다르다. 즉 인간적인 접촉이 없기 때문이다.

Tips

뇌를 흔들어 재울 때의 효과

두 명의 스위스 과학자가 성인의 뇌를 흔들어 재웠을 때의 영향을 연구했다. 첫 결과물은 놀라웠다. 과학자들은 임상실험 대상자를 두 그룹으로 나눠 뇌파검사기로 뇌파 검사를 했다. 한쪽 그룹은 고정된 침대에서, 다른 쪽 그룹은 흔들거리는 침대에서 자게 했다. 과학자들은 흔들거리는 침대 그룹에서 긴장을 풀어주고 푹 늘어지게 잠자는 데 도움이 되는 요인인 뇌에서의 뉴런 동기화 현상을 발견했다.
하루 종일 뉴런은 여러 순간에 모든 기능을 수행한다. 잠은 이런 뇌에 조화를 되찾아주고 뇌 동기화에 이르도록 해준다. 흔들어 재우기는 잠드는 동안 이런 이로운 효과를 재현시켜 준다. 이제 이런 규칙적인 자극이 행복과 휴식의 특효약임을 증명하는 것이다.

커플들도 서로를 흔들어 재우는 법을 익힌다면 진정한 행복감을 느낄 수 있다. 파트너 이마에 한 손을 쭉 펴서 댄다. 파트너의 머리를 당신 넓적다리에 눕혀 쉬게 한다. 파트너 머리와 목의 긴장을 잘 풀어주기 위해 당신의 배는 부드러운 베개가 되어준다. 이제 당신은 마법이 펼쳐지도록 당신의 허리로 시계추 같은 가벼운 움직임을 만들면 된다. 단지 5분 만에 긴장이 사라질 것이고, 당신 파트너와 어린 시절의 그 좋았던 느낌으로 관계가 이어질 것이다. 그 느낌은 과거 속에 파묻혔지만,

당신은 그 과거한테 꿀잠으로 들어오는 문을 열어준 셈이다. 왜냐하면 그 과거는 아기처럼 자게 될 것이기 때문이다. 흔들어 재우는 너그러운 몸짓은 입을 열지 않고도 몸의 언어로 말하는 사랑의 단어들이다. 과학자들이 그 사실을 증명했으니 당신은 이제 규칙적인 자극으로 사랑스런 뉴런과 동기화를 시작하라!

당신의 잠든 성적 본능을 자극하라

1) 침실에 좋은 향신료

두 개의 세상이 존재한다. 하나는 수많은 과학 연구를 통해 효력이 입증된 약의 세상, 다른 하나는 연구 활동 수가 매우 제한된 전통적인 영양 섭취와 의학의 세상이 또 하나 있다.

이렇게 된 것은 당연하다. 향신료나 야채 하나로 특허를 신청할 수는 없지만 약으로 만들어지면 그럴 수 있다. 앞으로의 전망과 수익성이 부족하기 때문에, 자연의학(한방)의 실효성을 이해하기 위해 필요한 자금이 지원되는 경우는 드물다.

히포크라테스는 "음식으로 당신의 치료법을 찾아낼 수 있다."라고 말했지만, 이 말에 숨겨진 질문의 의도는 "그럼 어떤 음식이 그러한가?"이다. 자연의학이 생약을 활용할 때에는 항상 주의를 기울인다. 그런데 주방 벽장에 있는 음식물이라면, 당신의 느낌은 어떤지 활용해 볼 시도를 왜 하지 않는가? 대략 적당한 양을 사용하면서 그 음식물이 효과를 발휘하는지 못하는지 그 여부를 알아볼 수는 있다.

어떤 새로운 약이든 단순한 향신료든 어느 정도 플라시보 효과(가짜약 효과)가 개입하게 된다. 그 약, 또는 향신료를 사용하면서 효력을 확신하면, 플라시보 효과는 40%까지 상승할 수 있다. 플라시보 효과는 실제로 효과가 있다. 과학자들은 플라시보 효과에 반응하는 사람들에게 하나의 특성이 있다는 사실을 발견했다.

예를 들어 고통을 덜어줄 거라고 믿는 사람들은 정신력이 발휘되어, 모르핀에 상응하는 엔케팔린(통증을 조절하는 신경 전달 물질)이 혈액 속으로 분비된다. 달리 말해서 정신력은 몸의 통증이 덜해지도록 특유의 약물을 몸속으로 분비시킨다. 그렇다고 플라시보 효과가 정신적으로만 행해지는 것은 아니고, 몸이 독자적으로 자기 자신을 돌보는 수단이기도 하다.

육두구를 갈아라 : 횡재할 수도 있다

육두구(肉荳蔻)는 수많은 요리를 장식하기 위해 사용되는 향신료다. 육두구를 잘게 갈면 특유의 향내가 난다. 아시아의 여러 전통의학에서는 여러 세기를 거쳐 전해진 민간요법을 바탕으로 육두구를 활용해 왔다. 즉 육두구가 남녀 모두의 성적 욕구를 증진시키는 '사랑의 묘약'이라고 믿고 있다.

오늘날에는 쥐에게 실행한 연구만이 있을 뿐이다. 그런데 쥐를 대상으로 연구하여 놀라운 결과를 얻을 수 있었다. 육두구를 먹은 쥐들은 마음껏 즐거운 시간을 보냈으며, 교미 횟수와 강도가 아주 명백하게 증가해서, 교미 시간이 한 시간 내지 세 시간 길어졌다.

당신이 저녁 시간을 즐겨보고자 한다면 한번쯤 시도를 해보라. 요구르트에 육두구 가루를 적당하게 뿌리고 마시면 된다. 그리고 스스로 평가해 보라. 개인적으로 나는 해봤다. 육두구가 참 마음에 든다.

사프란의 전설적인 이야기

사프란 이야기는 내가 모로코에 가서 경찰서에서 연구 리서치를 했을 때 55세 된 여성 수감자의 증언에서 출발한다. 그녀는 간단한 방법을 사용해 무너진 리비도에서 활기찬 성생활로 옮겨갈 수 있었다고 나에게 말해준 적이 있다. 바로 사프란이다. 이럴 수 있었던 이유를 이해하기 위해 나는 사프란을 대상으로 행한 과학 연구들을 유심히 살펴보았다. 그리고 이와 비슷한 결과를 보여주는 많은 사례가 있음을 알아내고서 깜짝 놀랐다.

주로 남성에게 해당되는데, 약학 분야에서 발기를 유지하기 위한 약의 기술은 발달되어 있지만, 발기를 일으키는 약은 만들어내지 못했다. 리비도가 시들해져 있으면 아무 일도 일어나지 않는다. 남성뿐 아니라 여성도 마찬가지다. 리비도를 활성화시키고 성관계를 하고 싶은 욕구를 갖게 해주는 약은 적어도 약국에는 없다.

의학은 약에 의한 해결책이 없을 때 그때서야 다른 길을 찾는다. 신문에서 '천연 최음제'를 소개하는 코너를 보면 그야말로 잡동사니 투성이다. 신뢰할 만한 것이 별로 없다. 캐나다 과학자들이 이 잡동사니 속에서 선별 작업을 해보았다. 겨우 두 개의 천연 자극물만이 이들의 관심을 끌었다. 인삼과 사프란이다.

사프란에 관한 연구 계획이 세워졌다. 양성을 모두 다뤘는데, 우선 동물을 대상으로 하고, 그 다음 사람을 대상으로 했다. 확실히 말할 수 있는 것은 세계 각국에서 성충동에 긍정적인 효과들이 관찰되었다는 것이다. 특히 우울한 상태에 있는 여성의 난감한 상황에서도 말이다. 우울증은 리비도를 약화시키고, 사프란의 효과가 잘 나타나지 못하게 한다. 그럼에도 불구하고 충격적인 사실에 주목하게 되었다. 즉 자연스럽게 흥분이 일어나 성적 윤활작용이 좋아졌고, 성적 욕구도 자연스럽게 커졌다.

여성 수감자의 증언을 들은 후에 그리고 연구 논문들을 읽고 나서, 나는 리비도가 낮은 남성과 여성에게 사프란을 식단에 포함시킬 것을 권하기 시작했다. 어떠한 성과는 바라기만 한다고 생기지 않는 법이다. 그래서 나는 전통의학서에 몰두했다. 그러다 사프란의 효과에 역점을 둔, 모로코의 한 자연요법 전문가의 이야기에 매료되었다.

나는 그를 만나러 갔다. 그는 모로코의 마라케시라는 도시의 구시가내, 관광객들과 멀리 떨어진 곳에서 약국과 비슷한 것을 운영하고 있었다. 그곳에서는 오로지 치료에 도움 되는 식물과 향신료만을 팔고 있었다. 내가 그 사람에게 사프란과 그것이 리비도에 끼치는 효과를 말했더니 그의 눈이 빛났다. 그는 자신의 가게에서는 손님이 알려준 정보에 따라 그에 알맞게 가장 효능이 좋은 향신료를 골라주어야 한다고 말했으며, 리비도의 경우에는 사프란을 추천한다고 했다. 수천 킬로미터 떨어진 곳에서 그는 경험으로 얻은 지식으로, 캐나다 과학자들이 최고의 과학적 수단을 동원해 밝혀낸 것과 같은 결과에 도달한 것이다.

나는 그에게 '진짜 사프란과 가짜 사프란'이 있다고 늘 말하는 이유를 물어보았다. 며칠 후 이해를 돕기 위해 그가 소개한 어느 시골에서 그 사람과 다시 만났다. 그곳의 한 창고에서 여성들이 바닥에 둥그렇게 앉아서 사프란을 선별하고 있었다. 그는 나에게 사프란 암술을 보여주면서 설명했다.

"시중에서 판매되는 사프란은 효력이 별로 없습니다. 인터넷으로 구매하는 약과 마찬가지죠. 대부분 가짜이기 때문이죠. 사프란도 마찬가지랍니다."

사프란은 '붉은색 금'이라 불린다. 세상에서 가장 비싼 향신료이기 때문이다. 킬로그램당 가격이 2만 5천~4만 유로다. 금괴 한 개 가격이다. 사프란 재배는 아주 까다롭다. 아주 짧은 시기에 국한하여 손으로만 수확을 한다. 꽃이 필 때부터 꼼꼼하게 붉은 암술을 거두어야 한다. 사프란 100그램을 얻기 위해 2만 개의 암술이 필요하다.

나의 모로코 친구는 내 손에 그 소중한 암술을 올려놓았다. 내가 처음 접한 맛과 향기는 엄청난 강도를 지녔다. 그는 많은 사람들이 가짜 사프란을 제조해 판매하고 싶은 엄청난 유혹에 넘어가는데, 사프란 한 갑에는 사프란 암술이 고작 세 개 들어 있을 뿐이고(한 갑의 1% 정도) 나머지는 파프리카나 강황이라고 설명해 주었다. 그래서 진짜 사프란의 값이 엄청 비싸다는 것이었다.

그제서야 나는 이전에 사프란이 왜 효과를 발휘하지 못했는지 이해할 수 있었다. 내 친구는 진짜 사프란을 구입하는 요령을 알려주었다. 항상 암술로 구매해야지 가루로 된 것을 사면 안 된다. 암술을 씹고서 혀끝에 올려놓으면, 강하고 독특한 향내가 바로 풍길 것이다. 암술은 거무튀튀한 붉은색이어야 하고, 길이는 2~5센티미터이며 끝이 나팔처럼 벌어져 있어야 한다. 만약 톡 쏘는 듯한 향이 나면, 본래의 특성을 상실한 오래된 사프란이라고 생각하면 된다.

사프란 1그램이면 쌀, 면류, 달걀 등 적어도 80번의 요리를 준비할 수 있다. 이렇게 사프란을 식단에 포함시키고서 리비도의 효과를 판단해 보자. 비용을 크게 들이지 않고 훌륭한 효과를 얻을 수 있는 사프란의 양을 정해 두도록 하자.

2) 에로틱한 볼기 때리기

(주의 : 여기서는 단지 말 그대로 두 파트너가 동의해서 하는 에로틱한 느낌의 엉덩이 때리기를 말하고자 한다. 전 세계적으로 기록적인 숫자에 도달하고 있고, 침묵하고 있는 법에 대항해 우리가 결집해 싸워야 할 문제인 학대받는 여성들의 이야기가 아니다. 프랑스에서는 3일에 한 명 꼴로 여성이 배우자의 폭력으로 숨을 거둔다.)

2013년 프랑스에서 실시된 한 앙케이트 조사에서 특기할 만한 사항이 있었다. 한 여성이 에로틱한 놀이의 하나로 파트너에게 볼기(엉덩이)를 맞아 보았다고 고백한 것이다. 실제로 이런 사례는 적을 것이다. 이런 낯선 행위에 응하는 사람은 거의 없기 때문이다. 그러나 사회가 변하고 있다. 1985년 무렵, 성관계를 할 때 볼기 때리기 행위를 받아들이는 여성은 8%에 불과했다. 어떤 이유로 남성을 이 조사 대상에 포함시키지 않았는지 모르겠다. 그래도 커플끼리 서로 번갈아가며 이런저런 역할을 하는 유행이 생겨서, 이 행위를 즐기는 남성과 여성의 수가 아주 비슷할 수도 있겠다.

에로틱한 볼기 때리기 행위가 일으키는 놀라운 반응

미국의 여러 대학 연구팀이 적절한 사도마조히즘적 행위들과 커플 건강의 관계를 연구했다. 연구진들은 사람들 사이에서 점점 더 빈번해진 이 행위들이 건강에 어떤 영향을 끼치는지 밝혀내고자 한 것이다. 사도마조히즘적 행위들 중에서 가장 일반적이고 대표적인 것이 바로 볼기 때리기다.

결국 연구진들은 볼기 때리기 행위가 건강에 끼치는 효과를 분석해냈는데 결과가 매우 놀라웠다. 어쨌든 파트너끼리 동의한 볼기 때리기는 상대방을 '처벌'하는 에로틱한 놀이여서, 일상에 흥을 더하고 판에 박힌 섹스에서 벗어나게 한다. 볼기 때리기는 체계적으로 하는 행동이 아니고 우연하게 하는 것이다. 이따금 이러한 극적 시나리오를 좋아하는 커플은 상황을 만들어 연기하면서 볼기 때리기를 한다. 선생과 말 안 듣는 학생의 경우처럼 말이다. 그렇게 감각을 넓혀 간다. 물론 자주 역할을 바꿔가며 해야 한다.

인간에게는 누구나 사디즘적(가학적인) 측면과 마조히즘적(피학적인) 측면, 혹은 남성적 측면과 여성적 측면이 공존한다. 성인에게 볼기 때리기는 〈잡기-내려놓기〉 방식으로 작용되어 압박감을 줄여준다. 볼기 때리기는 하루 내내 축척된 긴장에서 벗어나게 한다. 동시에 남성, 여성, 아이, 지배하는 자, 지배당하는 자에게도 해당되는 문제다. 즉 무의식 상태를 말하는데, 무의식 속에서 사람들은 잠시나마 성인들의 심각한 세상, 너무 과중한 책임감을 부여하는 세상을 떠나 자유로워진다.

무의식은 잠깐이나마 무엇인가 선택하거나 결정하지 않아도 되는 공간이다. 규범이 소멸되고 겉치레가 사라지며, 성인들 각자 내면 깊은 곳에 잠자고 있는 아이가 기뻐할 능력을 되찾는 곳이다. 이런 이해는 미국에서 진행된 초기 과학 연구들의 결과와도 일치한다. 즉 볼기 때리기와 같은 가벼운 사도마조히즘적 행위를 좋아하는 사람들이, 명상 수행자가 명상을 하고 나왔을 때와 비슷한 상태에 이르렀다는 것이다. 몇몇 연구는 요가 모임 이후처럼 몽환적인 효과가 발생했다고 특별히 지적하고 있다.

다른 실험에서는 우연한 기회에 이 행위를 한 커플이 정신적으로 더 편안해졌다고 밝히고 있다. 스트레스도 적어졌고 다른 사람에게 개방적이며, 좀 더 온화해졌고 신경쇠약도 적어졌으며 덜 불안해했다. 서로 동의한 성인들 사이에 일어난 '촌극'이 커플 간의 긴장을 풀어주고 마음을 진정시켜 준 것이다.

볼기 때리기와 명상의 공통점

서로 대조적인 지점에 있는 이 두 행위가 어떻게 비슷한 긍정 효과를 낼 수 있을까? 남성이든 여성이든 볼기 때리기를 받아들이는 커플을 상상해 보자. 그 커플은 어떻게 명상 수행자와 똑같은 정신적 평안 상태에 다다를 수 있을까?

과학자들은 파트너끼리 서로 동의한 사도마조히즘적 행위를 연구했다. 과학자들은 성관계 때 생기는 생생한 통증으로 자극되는 뇌 부위가 명상 때 활동하는 뇌 부위와 같다는 것을 확인했다. 미국 노던 일리노이 대학교의 과학자들이 이렇게 관련 뇌 부위의 혈액순환 변화와 그에 상응하는 기능의 변화를 관찰했다.

특히 자아 조절(마인드 컨트롤), 기억력 활성, 고도의 뇌기능과 관련되어 있는 뇌의 이마앞 엽 겉질(이마 앞쪽에 위치한 두꺼운 밴드 모양) 부위를 관찰했다. 강한 통증은 의식 상태의 변화를 일으킨다. 뇌의 이 부위는 자아와 비자아 사이의 구별을 부분적으로 책임지기도 한다. 특정 부위의 혈류량이 낮아지면 이렇게 자아와 외부세계 사이에 깊은 일체감이 증가한다. 가장 당황스러운 것은 충만함과 차분함을 느끼기 위해서, 우리는 두 가지 상반된 길을 알아냈다는 사실이다. 명상과 볼기 때리기가 그것이다.

명상의 목적은 충만한 의식 상태(내면의 즐거움)에 도달하는 것이다. 이것은 자신과 타인을 위해 온전히 현존하겠다는 것을 의미한다. 철저히 현재 순간을 체험하고 전적으로 현재에 머물겠다는 것은 과거와 미래를 생각하지 않고 이 순간에만 만족하겠다는 것이다. 게다가 충만한 의식을 수행하는 사람은 몰입과 극단의 희열 상태에 도달하려 한다. 명상은 기계적인 흐름으로 살지 않게 해준다. 기계적으로 사는 상황 속에 있으면, 우리는 어떤 사람과 같이 살기는 하는데 그 사람 속에 존재하지 않게 되고, 진정으로 귀 기울이지 않으면서 그 사람 말을 듣게 된다. 이런 결핍 상태에서는 곧바로 다른 사람들과 깊은 유대관계를 맺지 못하게 되고, 우울과 공허함, 외로움에 빠지게 된다.

스마트폰에 열중하거나 당신과 마주하고 있으면서 딴 사람 전화를 받는 사람은 부정적인 마음의 파동을 당신에게 보내고 있는 것이다. 바로 이 순간 당신은 중요하지 않는 존재, 아무런 가치가 없는 존재가 되어버린다. 이럴 때는 그 사람에게서 벗어나 평온을 되찾아라. 떠남으로써 당신이 이 상황에 동의하지 않는다는 것을 보여주어라. 속마음을 표현하지 않고 견디는 악순환에 결코 빠지지 마라.

마조히즘을 실행하는 사람도 충만한 의식 상태에 도달한다. 이들은 전적으로 선택하고 동의하며 의도했던 고통을 즐기며, 그 고통에 주의를 기울인다. 이들은 전적으로 현재의 순간에 명상을 수행하는 사람들과 똑같다.

의사로서 나는 내 환자들을 이렇다 저렇다 판단하지 않는 법을 터득했다. 에로틱한 볼기 때리기 행위가 어떤 커플들을 행복하고 성숙하게 만들어 준다면 못할 것이 무엇인가? 몸을 학대하지 않고 건강에 위험하지 않는 범위 안에서 그리고 서로 동의하에 주고받는 것이라면 말이다. 나는 자신의 욕구를 잘 표현하지 못하고, 자신의 감정을 드러내지 않으며, 진정제나 강장제를 복용하는 것으로 위안을 찾는 사람들에게

이 행위를 단연 추천한다. 사회에서 몇몇 성적 행위를 변태적이고 수치스러운 것이라 치부한다 하더라도, 많은 커플이 이런 행위로 성생활의 균형과 안정을 찾을 수 있게 된다면 이런 부정적인 관념은 사라질 것이다. 미국에서 실행된 다른 연구에서는 그다지 심하지 않은 사도마조히즘적 유희를 즐기는 커플이 아주 끈끈한 사회관계를 유지하고, 매일매일의 삶에서 평온하게 지낸다는 결과를 내놓기도 했다.

볼기 때리기는 리비도를 자극한다

에로틱한 볼기 때리기는 커플의 리비도를 자극한다. 리비도는 커플이 유대감을 느끼는 원천이자 건강 발전기다. 수많은 남성과 여성이 해가 갈수록 리비도가 저하되는 위험에 처해 있다. 타성에 젖어 있고 시간적 여유가 없으며 나쁜 습관에 길들여져 있기 때문에, 욕구가 시들어 버리고 아예 사라져 버린다. 리비도 저하와 애정 상실이 조합된 문제들이 불시에 나타난다. 이때 어떤 사람은 이혼을 생각한다.

위에서 언급했듯이 리비도를 상승시켜 주는 약은 아직 존재하지 않는다. 비아그라, 시알리스, 레비트라(바데나필)는 남성의 발기를 지속시켜 주지만 발기 자체를 일으키게 하지는 못한다. 리비도는 시동 장치다. 이것 없이는 어떤 일도 할 수 없다. 리비도라는 불똥이 있어야 삶과 기쁨을 얻을 수 있다.

볼기 때리기, 오럴 섹스처럼 진부한 것을 대신하고 부부관계에 창의성을 부여할 수 있는 것이라면 무엇이든 좋다. 당혹스런 성적 자극을 통해, 기쁨과 고통 사이에 존재하는 가느다란 경계가 드러난다.

볼기 때리기를 하면 성감대 부위에서 혈액순환이 더욱 원활해진다. 항문 부위는 신경이 널리 분포되어 있고 생식기와 연결된 곳이다. 이곳에 혈액이 집중되어 성적 쾌감이 커지고 신경구조가 적극적으로 반응하게 된다. 이런 사실 덕분에, 상대를 향한 욕구가 급속히 커지고 더 민감한 쾌감이 발생하는 이유가 설명되는 것이다. 그래서 생식기와 항문 사이의 골반 부위에 신경을 분포시키는 체내 생식기 신경의 중요한 역할을 강조할 필요가 있다.

또한 볼기 때리기는 도파민과 엔도르핀 같은 행복 호르몬 분비를 촉진시키기도 한다. 뇌가 엉덩이 때리기를 하는 순간에 기쁨과 고통을 함께 맛보게 된다.

왜 고통을 느끼는 데서 기쁨을 느끼게 될까?

이 질문에 답하기에는 운동선수가 대표적인 모델이다. 운동선수는 일련의 육체적인 반응과 정신력으로 고통을 기쁨으로 맞바꾼다. 특히 서로 경쟁하는 선수들은 정말로 고통스러운 시합이 끝났을 때 카다르시스 상태에 도달한다. 운동선수들은 모든 의식을 동원해 자신의 목적을 달성하기 위해, 스스로에게 고통을 부과할 결심을 한다.

기꺼이 육체적 고통을 치룰 때, 몸은 자연스럽게 통증을 덜어주는 엔도르핀을 만든다. 엔도르핀은 모르핀과 유사한 성분이다. 엔도르핀은 행복, 황홀경, 평온 상태를 유발한다. 달리 말하면 고통이 있으면 고통을 잘 견딜 수 있도록 엔도르핀이 분비되지만, 일단 고통이 가라앉으면 단지 엔도르핀이 발생시킨 기쁨만 남는다. 마라톤 선수가 그런 경우다. 경주가 끝나면 마라톤 선수는 굉장한 행복감을 느끼며 시간을 보낸다. 엔도르핀이라는 천연 마약에 '중독'된 상태인 것이다. 운동을 많이 하는 사람들 중에 '운동 의존증'이 염려되는 사람들이 있다. 즉 몸속에 엔도르핀이 '배달'되도록 하기 위해, 매일 점점 더 강도 높은 운동량을 소화하려는 욕구를 갖는 경우다.

마조히즘적 자세를 채택하고 볼기 때리기를 받아들이는 남성과 여성은 자신의 운명을 제어한다는 기분이 든다. (어떤 반대 세력도 나에게 해를 끼칠 수 없다. 나로 하여금 고통을 겪게 하는 것까지 포함해 모든 것을 자신이 제어한다. 그것이 무엇이든 더 이상 두렵지 않다. 나를 아프게 하는 것을 내려다본다. 나는 이 고통을 선택한다. 더 이상 어떤 것도 나를 막지 못한다. 고통은 더 빨리 더 멀리 나아가게 해주는 연료다. 서로 경쟁하는 선수들은 이렇게 같은 느낌을 갖게 할 또 다른 경기에서도 성과를 올린다. 상대나 자기 자신이 체벌을 가하는 순간에 고통을 겪는 사람은 자신의 고통을 즐긴다. 그 사람은 자신이 강렬하게 살고 있다고 느끼고, 번개 치는 순간에 영원의 한 조각을 만지기라도 하듯이 시간이 길어지고 있다고 인식한다.)

Tips

에로틱한 볼기 때리기 이용 설명서

에로틱한 볼기 때리기를 실행하려는 커플들을 위해 몇 가지 사항을 상기시켜주고자 한다.

- 파트너끼리 자유로운 의사로 동의한 상태여야 한다.
- 매번 성관계 할 때마다 일관되게 해서는 안 된다. 우연한 기회일 때 한다. 격하게 해서도 안 된다.
- 행위에 들어가기 전에, 그만 하자는 신호를 알리는 단어를 정해 놓는다.
- 도구를 사용하지 말고 손바닥으로 한다. 그래야 상처나 타박상을 입지 않는다.
- 항문 부위의 정면에서 손바닥으로 가해야, 항문과 생식기 사이 공통으로 있는 신경 말단이 자극 받아 가장 빠른 결과를 얻을 수 있다. 이렇게 쾌감이 증가한다. 해부학적 자료를 보면 항문 부위의 성적 감각의 크기 정도를 알 수 있다.

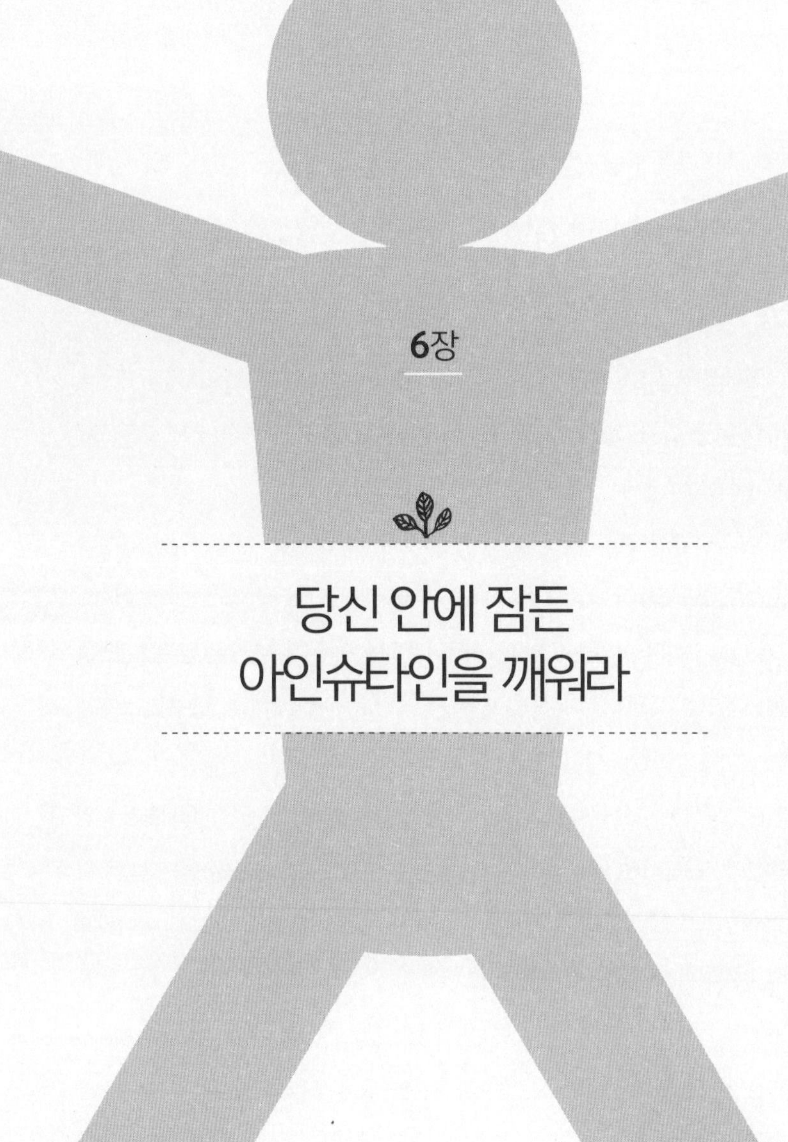

6장

당신 안에 잠든 아인슈타인을 깨워라

"듣기에 엉뚱하다 싶은 생각에 오히려 희망이 있다."
–알베르트 아인슈타인

뇌는 우리 몸에서 가장 중요한 중추신경이다. 뇌는 몸 전체에서 약 2% 정도 차지하지만 몸 전체 에너지의 20%를 소모하고 있다. 뇌는 우리의 사고(생각) 뿐만 아니라 거의 모든 인체 기능을 제어하고 있다.

캘리포니아 대학 과학자들이 우리 뇌 구조는 경이적일 정도로 뛰어난 능력을 가지고 있다는 사실을 발견했다. 웹과 비슷한 저장 능력을 가지고 있다는 것이다. 그런 능력을 가지고 있지만 그렇다고 우리가 그 만큼의 능력을 사용하고 있는 것은 아니다. 뇌의 막대한 자원은 우리가 평생 동안 뇌의 성능을 향상시킬 능력을 얼마나 풍부하게 가지고 있는지를 보여준다. 우리는 나이를 먹으면서 점점 더 총명해질 수 있다.

운동과 관련한 뇌의 보전 능력을 이해하기 위해 연구에 들어간 핀란드 과학자들은 매일 지속적인 신체 운동을 하면 매일 새로운 뉴런이 만들어진다는 사실을 밝혀냈다. 단계를 하나씩 높여가는 방식으로 말이다. 뇌는 해를 거듭할수록 능력이 향상되고 성능이 높아진다. 매일 신체 운동을 하면 나이가 든 사람이라도 뇌를 젊은이처럼 사용할 수 있다는 사실을 확인했다. 신경회로망의 순환이 더 빨라지고 성능도 높아졌다. 게다가 과학자들은 쳇바퀴에서 달리고 있는 쥐가 한 곳에 머물러 있는 쥐보다 뉴런을 세 배 더 만들어 낸다는 사실을 증명했다.

나는 운동 이외에도 당신의 뇌 기능을 향상시키는 간단한 방법을 몇 가지 알려주려 한다. 자, 지체하지 말고 오늘부터 당신의 뇌를 젊어지게 하자!

당신의 잠든 창의성을 자극하라

별로 의식하지 못하겠지만 우리 모두에게는 창의성이 존재한다. 우리 안에 감춰진 잠재적 창의성은 자꾸 표현되고 싶어 한다. 그런데 이 진귀한 보물이 드러나지 않고 있다. 기쁜 삶과 행복의 동력이 되는데도 말이다.

창의성은 새로운 차원을 만들어낸다. 습관과 타성은 활력을 약화시키고 기쁨의 질을 떨어뜨린다. 천천히 단맛이 사라지는 껌과 같다. 이미 알다시피, 어떤 커플이라도 서로 창의성을 발휘할 줄 알아야 커플 사이에 활력이 생기고 소원해지는 일이 안 생긴다. 창의성이 발휘되면 늘 새로운 것이 만들어지고, 세로토닌과 도파민 같은 행복 호르몬이 분비된다. 계속 무엇인가를 새롭게 만들어내면 뇌의 용량이 커져 뇌가 늙어가는 것을 막을 수 있다.

창의성은 또 다른 효력을 발휘한다. 겁내지 말고 변화에 적응하면 평온함을 푹 느낄 수 있다는 점이다. 간혹 기업 안에서 일부 사람들이 이런저런 일을 하다가 번아웃(burnout 신체적 혹은 정신적으로 모든 에너지가 소모되어 무기력증이나 자기혐오, 직무 거부 등에 빠지는 현상) 상태에 빠지는데, 그러다 이들에게 지위 변화(급여나 직급 상승)가 생길 때 종종 자살을 하는 경우를 볼 수 있다. 능력이 부족하여 한계를 느낄 때, 큰 사건으로 황당한 상황에 빠졌을 때 불안은 여러 사람을 의기소침하게 만든다. "나는 성공할 수 없어."라고 자꾸 되풀이 해서 말하면 어찌 할 바를 모르게 된다.

창의적인 사람은 큰 사건에 직면해도 꺾이지 않는다. 그는 자신이 늘 다시 일어서리라 믿는다. 그 사람은 변화를 새로운 영역에서 무엇인가를 발견하거나 날개를 펼칠 수 있는 기회로 삼을 것이다. 창의성을 발휘하기에 다른 사람들보다 더 유리한 환경에 있을 수도 있다. 도시에서 사는 것이 그렇다. 도시는 혁신과 교류의 동력이 되어준다. 여러 만남을 통해 호기심이 발동하고 새로운 것이 만들어지기도 한다.

자신의 창의성을 발휘하는 훈련으로 〈잡기-내려놓기〉, 지루함을 받아들이기, 아무것도 하지 않기, 공상에 잠기며 선잠자기가 있다. 뭐든 걸러내지 말고 터부시 하지 않으면서 그저 생각이 떠오르도록 내버려두라. 스스로에게 불합리한 것, 이상한 것, 낯선 것을 허용하라. 그러고 나서 머릿속에 떠오른 것들을 작은 수첩에 기록하라. 식사, 휴가, 사랑 등 하나의 주제를 정해 10분 동안 그 주제에 몰두해 보는 것도 도움이 된다. 전에 생각지도 못한 것들이 마구 떠오른다면 당신은 틀림없이 예술적 역량을 발휘할 수 있을 것이다.

플라스틱 컵의 활용

플라스틱 컵을 갖고 오자. 이 컵이 음료를 담는 기능뿐 아니라 다른 기능도 가능하다고 상상하자. 50가지 이상은 나올 것이다. 컵 바닥에 구멍을 뚫어 놓은 여과기, 컵을 오려내 만든 귀걸이, 모래 파이를 만드는 거푸집 등. 일곱 가지 이상 새로운 것을 생각해 내면 당신은 창의성이 풍부한 사람이다.

계속해서 다른 대상(물건이나 일)을 가지고도 여러 테스트를 해볼 수 있다. 사적인 일, 가족과 관계된 일, 직업상의 일에서도 창의성이 발휘될 수 있음을 깨닫게 될 것이다. 점차 당신은 모든 상황에서 새로운 모습과 맞닥뜨리게 되고 또 용감해질 것이다.

당신만의 직관을 믿어라

직관은 체계적인 이성적 사유와 정반대다. 직관은 바라지 않았는데도 돌연히 그것도 명백하게 나타난다. 직관을 따라야 할까 아니면 경계해야 할까? 정말 자신을 보호하고 더 나은 선택을 하기 위한 효과적인 무기가 될 수 있을까?

첫 느낌은 즉시 반응할 수 있게끔 만드는 수많은 특성을 지니고 있다. 직관은 순식간에 터져 나온다. 똑같은 상황에서 오랫동안 곰곰이 생각하는 것은 자주 카드를 뒤섞어 버리는 것과 같다. 그래서 상황은 모호한 것처럼 보이게 되고, 이 교활할 정도로 깊이 생각한 것의 결과가 항상 최선의 것일 수는 없다. 학생들에게 시행한 실험이 이것을 증명한다. 너무 깊이 생각하며 머리를 쓴다면 자신이 원래 품었던 생각에서 벗어나 버리고 만다.

직관과 이성적 사유는 너무도 다르게 뇌를 사용한다. 좌지우지되지 않고 스스로를 믿기, 자신의 첫 느낌, 직관, 무엇이든 원하는 자세를 따르기 따위는 사라져 버릴 위험이 있는 느린 이성적 사유보다 복잡한 상황에서는 훨씬 더 효과적이다.

이에 부합하는 최근 연구에 의하면 자신의 일을 어떻게 결정할지 안내 받고 싶어서 가까운 사람들에게 너무 의존하는 사람은 반대로 전혀 도움을 받지 못한다는 사실을 보여주었다. 이 연구에서 임상실험 대상자들이 각자의 비밀을 공유하면 할수록, 지적으로 망설임과 주저를 거듭하며 해결책을 찾으려 했다는 것이다. 지나치게 이해득실을 따진 나머지 결국 대상자들은 아무것도 하지 못하거나 최악의 경우 나쁜 결정을 내리고 말았다.

마치 번개 같은 직관과 상식의 위력이 쓸모없고 지루한 이야기 때문에 사라진 것처럼 말이다. 자신만의 은밀한 비밀은 자신감 부족과 두려움에서 벗어나고 싶은 욕구의 또 다른 표현이다. 기본으로 돌아가자. 당신의 첫 느낌을 믿자. 그것이 좋은 것이다.

잠자는 뇌의 시스템에 활기를 불어넣자

뇌는 어마어마한 유기체적 기계다. 뇌는 일체화된 재생 시스템을 가지고 있고 정밀한 시계처럼 작동한다. 달리 말하면 뇌는 고유의 수단을 사용해 고장이 나지 않고 정지 상태가 되지 않도록 만반의 준비가 되어 있다는 것이다. 어떤 상황에서도 뇌는 자신을 치료할 약들을 모두 갖추고 있으며, 약의 혜택을 받으려면 그저 그 약들을 활성화시키는 것만으로도 충분하다.

우리 모두는 이런 재생 시스템을 지니고 태어났지만, 그런 시스템이 존재하는지 또는 그 시스템을 어떻게 설치하는지 모르고 있다.

뇌에는 산소가 필요하다. 만약 동맥에 이물질이 잔뜩 끼어 있으면 뇌는 기능을 잘 수행하지 못한다. 여러분도 이미 알고 있듯 여러 과학 연구는 매일 신체 운동을 행하면 기억력을 촉진시킬 수 있다는 사실을 알려주고 있다. 우리는 평생 학습할 수 있는 충분한 역량을 지니고 있다. 그런데 배운다는 것은 새로운 뉴런과 더 빠르게 돌아갈 참신한 뇌 회로를 활성화한다는 뜻이다. 나이가 들수록 우리 뇌는 유능해질 수 있다. 영원한 학생으로 남아 있다면 말이다.

뇌는 근육과 같다. 뇌를 많이 쓸수록 뇌는 더 견고해진다. 운동 경기를 할 때 우리는 어떻게든 머리를 써서 이기려고 한다. 끊임없이 새로운 활동에 참여하고, 미지의 세계를 개척하며 다양한 사람들을 만나야 한다. 새로움은 참신한 뇌 회로를 만드는 데 필수적인 연료 중 하나이기 때문이다.

전문적인 취미 활동이나 꾸준한 단체 활동은 지적인 성능을 유지시켜 준다. 이렇게 주말이나 휴가 때 여가 시간을 잘 활용하자. 판에 박힌 행동이나 되풀이되는 일은 뇌 역량을 줄어들게 만들고, 반면 새로운 것은 뇌 역량을 증대시켜 준다.

주말 때마다 잠자고 있는 뇌 부위를 풍요롭게 하는 데 한 시간씩 할애하겠다고 결심하라. 틀림없이 당신이 상상하지 못한 역량을 자기 안에서 발견할 수 있을 것이다.

음악가, 미술가, 사진가, 시인 등 여러 가지 육체 활동을 시도해 보자. 당신의 인생 역정에 빛을 비추고 당신 안에 묻혀 있는 값진 보물이 드러나도록 하자.

두뇌를 많이 쓰면 작업량이 그만큼 줄어든다

처음으로 자동차를 운전하거나 자전거를 탈 때, 당신은 천천히 나아가려고 할 것이고 생각보다 아주 어렵다고 느낄 것이다. 그래서 정신을 집중하고 시간과 에너지를 투자할 것이다.

처음 요리를 할 때, 처음 바느질하는 법을 배울 때, 처음 와이셔츠를 다릴 때에도 마찬가지다. 그렇지만 반복하다 보면 속도가 빨라지고, 많은 노력을 들이지 않게 된다. 기술을 숙달하게 되면 덜 수고해도 더 빨리 하게 된다.

더욱이 두뇌를 쓰면 빨리 익힐 수 있고, 더 빠르고 덜 피곤하게 해내는 지름길을 발견할 수 있다. 몸을 쓰는 것도 머리를 쓰는 것도 필요하다. 당신이 투자하는 시간 말고 당신이 실현시켜 가는 것으로 당신이 하는 일을 평가하라. 하루에 너무 적은 시간 동안만 작업한다고 죄책감을 갖지 마라.

다른 관점인데, 두뇌 회전을 빠르게 하고 싶다면 한 가지 주제를 전체적으로 파악했을 때 바로 다른 주제로 넘어가라. 이렇게 하면 새로운 뇌 회로를 만들면서 뇌 역량을 키울 수 있다.

스트레스에
지혜롭게 대처하라

스트레스를 피하기란 정말 어렵다. 외부 자극에 직면했을 때 몸이 저절로 반응하게 되는 것이기 때문이다. 스트레스는 참을성 있게 외부 세계에 적응하는 인체 활동의 방식이다. 현재 또는 앞으로 있을 사건과 관련된 스트레스는 비교적 쉽게 파악된다. 그러나 자신도 모르게 다가오는 스트레스는 아주 위험하다.

의식하지 못하는 사이에 부정적인 영향을 주면서 매일매일 당신에게 해를 끼치는 이웃이 존재하고 있다. 직업적 영역에도 사적인 영역에도 이런 사람들이 존재한다. 당신에게 서류를 잔뜩 얹어주는 상사, 매일 잔소리해대는 배우자, 너무 고집 센 친구 등등. 반복된 스트레스로 몸과 마음은 만신창이가 된다.

일단 압박을 받으면 우리 몸은 스스로를 방어하기 위해 저항하지만, 이 방어기제 때문에 몸은 큰 대가를 치른다. 먼저 코르티솔이나 아드레

날린이 분비된다. 이러한 호르몬은 우리 몸이 스트레스에 대처하게끔 준비시킨다. 심장은 더 빨리 뛰고, 혈압이 올라가 심혈관 계통이 빨리 지쳐버린다. 코르티솔은 노화를 촉진시키기도 한다. 코르티콜리베린 호르몬은 뇌의 시상하부에 영향을 미친다. 스트레스와 관련된 부정적 측면의 효과 중 하나는 이러한 호르몬이 우리 몸의 방어 시스템을 파괴한다는 사실이다.

즉 반복된 스트레스는 악성 종양을 죽이는 NK 림프구(NK세포)와 같은 면역 방어 수단을 감소시킨다. 각종 바이러스의 감염에 취약해져 염증이 생길 비율이 그만큼 높아진다.

스트레스 때문에 치러야 할 대가는 실로 막대하다. 바로 삶의 희망이 줄어든다는 것이다. 몸의 세포 속 염색체 말단이 너무 빨리 짧아져 수명이 단축되는 것이다.

당신의 몸을
주도면밀하게 살펴라

우리는 염세주의자보다 낙관주의자가 더 오래 장수한다는 것을 알고 있다. 낙관주의자는 힘든 상황이 닥쳤을 때 스트레스를 덜 받기 때문에 자신의 몸을 덜 손상시킨다. 따라서 건강에 관한 관념이나 대처 방식에 따라 각자의 수명이 달라질 수 있음을 유념하자.

뇌 속에는 면역체계와 관계를 맺고 있는 림프관이 존재한다. 뇌의 해부도를 보면 이것이 면역 차원에서 뇌가 마련한 전략적 영역임을 이해할 수 있다.

자신이 강하다고 생각하면 강해지고, 약하다고 생각하면 약해진다. 의사가 아무것도 해줄 수 없고, 환자 자신만이 절대적인 존재로 남는 의학의 한계 상황을 접할 때가 많다. 치료 효과는 환자가 자기 몸의 기능을 확신하느냐 그렇지 않느냐에 따라 달라진다. 정신력에 따라 질병으로부터 자신을 보호할 수도 있고 더 한층 위험에 빠질 수도 있다. 우리의 건강은 우리의 뇌에 달려 있다고 해도 과언이 아니다.

병에 걸리고 난 후에도 그다지 보살핌을 받지 못하는 부분이 바로 정신적이고 영적인 부분이다. 대체로 약으로 병의 결과에 마음을 쏟는 경우는 많지만, 병의 유발 원인에는 마음을 쓰지 않는 편이다. 아픈 이유나 병을 일으킨 원인을 찾아 거슬러 올라가야 한다. 내면적으로 그런 노력을 하지 않으면, 그저 병리학이 여러 형태로 검토하는 것을 지켜볼 수밖에 없다.

우선 당신이 병에 걸렸다는 사실을 깨달으려는 노력이 필요하다. 어쩌다 이런 병에 걸렸지? 이 병이 강한 전류 때문에 끊어진 퓨즈 같은 것인가? 어떻게든 알아내려고 애써야 병의 근원을 찾을 수 있다. 의식하지 못하는 사이에도 내 건강을 파괴하는 요인을 예방하고 없애기 위해 애를 써야 한다.

신경학적 검사를 하는 도중에 의사가 환자에게 잠시 동안 서서 발을 모은 다음, 양팔을 몸에 붙이고 움직이지 않도록 요구할 때가 있다. 이러한 테스트는 소뇌 훼손 같은 신경 훼손이 있는지 알아보기 위한 것이다. 환자가 이 자세를 유지하다가 몸이 흔들리고, 반복해서 자세를 바로잡으려 한다면 보충 검사를 해보아야 할 것이다.

하루를 시작할 때의 좋은 습관

이것저것 다 시도해보자! 그전에 오늘 하루를 보수주의로 시작할 결심을 하자. 하루 중 결정적인 순간을 위해서다. 경기 전에 몸을 풀고 있는 선수를 잘 관찰해 보라. 선수는 많은 몸짓을 하지 않는다. 정신을 집중하고, 가장 좋은 몸 상태를 이끌어내기 위해 에너지를 하나로 모은다. 경기 과정을 상상하고 미리 예측하며, 경쟁 선수의 반응을 미리 고려한다. 이륙하기 전에 동력을 가동하는 비행기와 엇비슷하다. 당신이 바로 경쟁 선수다.

당신은 방금 잠자리에서 일어났다. 화장실 가는 것 빼고는 아직 할 일이 없다. 이때가 딱 좋은 순간이다. 부동자세로 서 있자. 양팔을 밑으로 내리고 발을 안정된 자세로 바닥에 댄다. 침착하게 호흡한다. 당신의 발이 땅바닥에서 자라나 몸을 땅속과 연결해 주는 뿌리라고 상상해보자. 누가 밀어도 넘어지지 않게, 무게중심을 잡고 안정감이 잘 유지되는 자세를 취한다. 이때의 힘과 균형을 하루 종일 머릿속으로 간직한다. 이제 저녁 때까지 많은 시간을 어떻게 보낼지 상상해 본다. 오늘 할 일들이 유익한 것인가? 행복을 위해 변화시킬 것들이 있는가? 이 순간에 당신 삶의 축과 방향을 결정하고, 삶을 개선시키려 하는 동기를 밝혀 보자. 당신의 행위에 방향과 가치를 부여할 수 있을 것이다. 이런 식으로 한 주를 보내고 나면 이미 당신 삶에 긍정적인 변화가 있었음을 확인할 수 있을 것이다.

식사와 주전부리를 예로 들자. 이것이 필요한지 아닌지, 즐거운 행동인지 쓸데없이 몸을 상하게 하는 것인지 상상해 보는 것이다. 당신이 음식 앞에 다시 섰을 때 당신의 태도는 변화되어 있을 것이다. 또한 주어진 상황을 충분히 제어할 수도 있을 것이다. 당신이 정말로 즐거움을 누릴 수 있는 공간만 남겨라. 나머지는 따로 떼어놓고 말이다.

일시적인 기억 상실을 극복하라

사람의 이름이 떠오르지 않을 때, 자동차를 어디에 주차시켰는지 생각나지 않을 때, 신용카드 비밀번호가 기억나지 않을 때와 같은 상황에 직면하면 우리는 공포에 사로잡히게 된다. 알츠하이머병(치매)에 걸린 것은 아닌가? 하고 걱정이 앞선다. 다행히도 거의 대부분의 경우 그렇지 않다. 단지 기억력에 작은 구멍이 난 것이고, 그것은 훈련을 통해 얼마든지 극복할 수 있다.

한번 테스트를 실시해보자. 눈을 감고, 하루에 자주 들여다보는 시계 안에 아라비아 숫자 또는 로마자가 있는지, 다른 특징이 있는지, 또 초 단위로 움직이는 초침이 있는지 떠올려 보는 것이다. 방금 당신은 휴대폰을 내려놓았다. 시간은 몇 시를 가리키고 있었는가? 혹 생각이 나지 않더라도 안심하라. 당신은 정상이다. 단지 집중력 차원의 문제일 뿐이다. 기억력이 쇠퇴한 것이 아니고 주의가 부족했을 뿐이다.

기억력은 근육과 흡사하다. 시간이 지나도 기억력이 유지되려면 자극이 필요하다. 최근 연구에서는 은퇴 첫 해를 보내는 사람들에게서 뇌졸중과 뇌경색 질환이 증가했다고 제시하고 있다. 다른 연구는 은퇴 연령이 낮으면 낮을수록 알츠하이머병에 걸릴 위험이 커진다고 발표하고 있다.

Tips

껌의 놀라운 효능

껌은 주의력과 경계심을 향상시켜 주는데, 아주 놀랍게도 과학자들이 껌의 또 다른 기능을 알아냈다. 즉 껌은 머릿속에서 되풀이되는 생각을 없애준다. 예를 들어 뇌 속에서 어떤 노래가 계속 맴돌며 떠오를 때가 있는데, 좋아하지도 않는데도 계속 떠올라서 신경을 거슬리게 한다. 다른 것을 생각해보려 애써도 소용이 없다. 마치 마음이 가벼워지는 것도 아닌데 자기 몸을 계속해서 손톱으로 긁어대는 것과 비슷하다. 그러다 자신을 항상 같은 음악을 듣는 바보처럼 여기고야 만다. 이 노래를 제거해 주는 특효약이 바로 껌이다. 껌은 언어적 기억(노래)과 충돌하게 하고, 모순된 해석으로 청각 이미지를 혼란에 빠뜨리며, 음악을 듣는 척하면서 익숙해진 멜로디를 내쫓아버린다. 껌은 이렇게 뇌의 청각 담당 부위를 간섭해 반복되는 노래에서 우리를 자유롭게 해준다.

거의 대부분 그런 것처럼 기억력은 사용하지 않으면 떨어질 수밖에 없다. 기억력이 잘 발휘되고 효과적으로 유지되려면 매일매일 자극을 주어야 한다. 일생에서 기억력을 가장 많이 사용하는 시기는 6~25세 사이쯤이다. 공부를 하고 시험을 치르는 시기다. 기억력이 독창적이고 훌륭한 상태인 시기다. 바로 이 시기에 기억력이 원활하게 돌아가도록 하지 않으면 훗날 기억력이 약해질 수밖에 없다.

Tips

기억력을 향상시켜주는 간단한 훈련

잠자기 전에 당신이 기억하고 싶은 구절 하나를 읽는 습관을 지녀보자. 또는 사자성어 몇 개를 외우는 것도 좋다. 각각의 사자성어를 잘 외울 수 있기 위해 특정 생각을 연상시켜 본다. 예를 들어 '십시일반'은 "여러 사람이 조금씩 힘을 합하면 한 사람을 돕기 쉽다."라는 뜻인데, 자신이 속한 모임에서 있었던 경험이나 최근 뉴스에서 보도된 미담을 떠올려 본다. 이렇게 사자성어와 생각을 조합시키면 기억하기가 훨씬 수월해진다.

잠자기 전에 이 훈련을 하면 기억력을 가장 효과적으로 향상시킬 수 있다. 실제로 뇌는 밤새도록 전해들은 정보들을 선별하면서 기억력을 강화한다. 잠자기 전에 습득한 정보는 기억의 고랑에 더 잘 새겨진다.

시험을 치르는 수험생들이 활용하면 좋은 방법이 될 것이다.

기억력 강화 또는 유지 수단으로 자동차, 오토바이 등의 운전 면허증 또는 각종 자격증에 도전해볼 수도 있다. 다시 배움의 전쟁터로 돌아가야만 한다. 여러 종류의 시험을 치르는 것은 기억력을 왕성하게 해주는 적절한 스트레스 상황에 들어가는 것이다. 뇌를 젊게 유지해주는 치료법이다. 쉬면 뉴런을 만들 수가 없다. 20세 때의 민첩한 정신을 되찾기 위해서 학생의 삶을 다시 시작하자. 면허증이나 자격증을 취득할 때마다 당신은 가능성의 영역을 하나씩 발견할 것이고, 당신으로 하여금 건강하게 살 수 있다는 희망에 가슴 뛰게 만드는 엄청난 선행을 베푸는 것이다.

기억력을 북돋우기 위한 눈감기 훈련

최근 한 연구에서 눈을 감는 것이 기억력 개선에 도움이 된다는 결과가 보도된 적이 있다. 영국인 178명을 대상으로 했는데, 청각 정보를 받아들이는 순간에 눈을 감고 있으면 기억이 훨씬 잘 되었다고 한다.

어떤 정보를 떠올리려고 할 때에도 눈을 감으면 생각이 잘 난다. 이유는 간단하다. 눈을 뜨고 있을 때에는 상당수 뇌 부위가 여러 업무를 담당하고 있어서 무엇인가를 기억할 여유가 많지 않기 때문이다. 눈을 감으면서부터 뇌는 기억을 잘할 수 있게끔 집중력이 강화된다. 그렇다고 하루 종일 눈 감고 있을 수는 없는 일이다. 머리에 각인시키고 싶은 기억이나 정보가 있을 때에만 그렇게 하면 된다.

*기억력 강화법 : 연상기억법, 청크화, 그룹화, 로마의 방 기억술, 링크법 등

혼잣말로
중얼거려라

당신이 자주 혼자서 큰 소리로 떠들어대는 습관이 있다고 그걸 이상하게 여기지 마라. 미친 것도 노망이 든 것도 아니다. 미국 과학자들이 이런 행동을 연구했는데 놀라운 결과가 나왔다. 그런 행동을 하면 지적으로 건강하고 뇌가 잘 돌아간다는 것이다. 아인슈타인도 혼자서 중얼거리는 습관이 있었다는 일화가 전해내려 온다. 혼자서 중얼거리면 집중이 잘 되고 생각이 명확해진다. 당신이 이 과정을 이해한다면 정말로 다행이다.

혼잣말은 제대로 집중하게 하고 높은 지적인 성과를 거두는 데 지렛대가 되어준다. 한편 다른 사람들이나 우리를 둘러싸고 있는 세상과 거리를 둔 상태에서의 행동이어서, 자유와 독립의 몸짓이기도 하다. 혼잣말을 하면 지금 생각하고 있는 주제와 실행 중에 있는 일에 더욱 집중할 수 있다.

다만 혼잣말할 때 '나는'이라는 단어를 사용하고 '너는'이라는 단어는 쓰지 말아야 한다. "나는 해야 할 일을 목록으로 작성하고 있다."라는 말은 "너는 해야 할 일을 목록으로 작성해야 한다."라는 말과 거리가 한참 멀다. '나는'을 쓰면 내적인 일체감이 생기고, 자기 삶은 자기 혼자 결정해야 한다는 사실을 각인시키게 된다. '너는'은 그 반대여서, 내가 해야 할 일을 다른 사람이 규정한다는 의미가 들어 있다. 혼잣말할 때 '나는'을 사용하다 보면 속박에서 벗어나 자유를 되찾을 수 있다. 또 전적으로 현재 순간에 살고 있다는 느낌을 갖게 된다.

온갖 것들에 이름을 지어주는 것도 기억력을 향상시켜 준다. 당신이 자신에게 말을 할 때, 누군가가 당신의 말에 귀 기울여 주고 있다고 확신하게 된다. 이때 당신은 말을 하는 사람이자 귀 기울이는 사람이다. 이 행동이 뇌를 민첩하게 해준다. 어쨌든 귀 기울여주는 일이 그토록 드문 세상이 되었다. 당신이 말할 때, 상대가 귀 기울이지 않고 딴 생각을 하고, 더 심하게는 자기 휴대폰을 들여다보고 있는 경우가 얼마나 많았는가? 당연히 친절하게 서로 말을 주고받아야 할 것이다. 이러한 행동은 마음의 무게 중심에 집중하게 되는 명상과 아주 유사하다. 아주 중요한 가치와 만나고 있는 것이다. 혼잣말은 솔직하게 자기 자신에게 말하는 것이다.

혼잣말하면서 자신의 현 상황을 정확히 판단해 보는 시간을 몇 분 가져보자. 어떤 생각에 주의를 기울이고 있는가? 이렇게 하는 이유는 올바른 결정을 내리고, 필요하면 '예, 아니오'를 말할 수 있기 위해서다.

혼잣말의 장점

당신의 목소리를 녹음해서 들어보라. 처음이라면 당신은 놀랄 것이다. 썩 마음에 들지 않을 것이다. 소리가 너무 높거나 혹은 너무 낮은 것 같고, 어쨌든 당신 생각과 다르게 느껴질 것이다. 이건 온전히 자연스러운 현상이다. 보통 누군가가 말을 할 때 우리는 특히 귓속뼈로 전달된 소리는 듣고, 공기 중으로 퍼져 나가는 소리는 잘 듣지 못한다.

입으로부터 표현되어 나오는 '당신 내부의 작은 목소리', 그 아름다운 소리를 당신만이 간직하고 있다. 혼잣말할 때 당신은 이 아름다운 소리를 듣는 유일한 존재다. 어떤 특권처럼 이런 경험을 할 필요가 있다. 그 소리는 비밀의 정원으로 들어가는 열쇠이자, 당신만이 이해할 수 있는 언어이며, 앞으로 나아가게 하고 자기를 초월하게 해주는 도구다. 만약 좀 더 멀리 날아오르고 싶다면, 당신이 한 말을 기록해 보라. 더 좋은 결심을 한다면 커다란 성공의 기회를 얻을 수 있다.

녹음기 마이크에다 혼잣말하는 시도를 다시 해보자. 그리고 자기 목소리를 들어보라. 처음과 마찬가지로 마음에 들지 않을 것이다. 이번에는 녹음기에서 멀리 떨어져서 혼잣말을 해보라. 이때 평소 혼잣말할 때와 똑같이 말을 하라. 지금 당신이 귀 기울이는 목소리는 하나뿐이다. 이 경우 더 낮고 약간 더 느리게 말을 하려고 한다는 것을 깨닫게 될 것이다. 이렇게 다른 사람들에게 더 낮고 느리게 말을 하면, 사람들이 당신이 하는 말에 한층 더 주의를 기울인다는 사실을 확인할 수 있을 것이다.

여성은 낮은 목소리를 가진 남성에게 매혹되고, 남성은 감미로운 목소리를 가진 여성에게 매혹된다. 당신이 자신에게서 듣는 목소리와 다른 사람이 듣는 당신 목소리가 일치하도록 목소리를 훈련하면, 당신이 현실 속에 존재한다는 것과 당신 자신을 생각한다는 것 사이의 관계를 발전시킬 수 있다. 이 두 목소리—자신에게 들려주는 목소리와 외부 사람들에게 들려주는 목소리—가 유사할수록 당신은 평온과 행복을 더 잘 느낄 수 있다.

이렇게 자신에게 집중하고, 자신 위에서 다시 중심을 잡도록 하자. 다른 사람들이 당신을 좋아하기를 원한다면 자기 목소리를 좋아하는 것부터 시작하라. 당신이 당신 목소리를 싫어한다면 다른 사람들은 당신에게서 시선을 돌릴 것이다. 자기 목소리가 다른 사람을 떠나게 할 수도, 유혹할 수도 있다.

Tips

일상생활 속에서의 시낭송

시 한편을 골라보자. 나는 빅토르 위고의 <내일 새벽이 오면>을 추천한다.

내일 새벽이 오면,

들판이 하얗게 밝아오는 무렵에 나는 떠나리.

그대가 기다리고 있다는 걸

난 알고 있소.

숲을 지나 산을 넘어서라도 그대에게로 가리.

그대에게서 더 이상 떨어져 있을 수 없소.

오직 그대 생각에 사로잡혀

아무것도 보이지 않고 들리지가 않소.

낯선 이방인들이 등에 두 손을 맞잡고

외로이 지나가지만

슬픈 내게는 대낮도 밤과 같소.

저무는 황금빛 저녁노을도

멀리 아르플뢰르 항구로 들어오는 돛단배들도

눈에 들어오질 않소.

그대가 머무는 곳에 다다르면

그대의 무덤 앞에 초록 호랑가시나무와

히드 꽃다발을 가져다 놓으리.

매일 이 시를 읊고 녹음한 다음 들어보자. 점차 리듬, 호흡, 목소리 음색, 강도를 조절해 가며 연습하도록 하자. 15일이 지난 후 첫 녹음한 것과 마지막 녹음한 것을 들어보면, 정말 많이 향상된 것을 알고 깜짝 놀랄 것이다. 또 직접 가수 질베르 베코처럼 멋지게 흉내 내며 연습할 수도 있다. 그녀는 귀에 작은 주발처럼 생긴 헤드폰을 끼고서 자기 목소리를 들으면서 왼손으로 마이크를 잡고 노래한다. 당신 오른손으로 마이크를 잡자. 그 오른손 손바닥을 입술 앞에 10센티미터 떨어진 곳에 갖다 대고서 시를 읊는다. 당신 목소리를 녹음하고 듣는 연습을 매일 하면 당신 목소리를 마법 같은 소리로 개선할 수 있을 것이다.

목소리는 눈에 보이지 않지만, 상대방에게 친밀감을 표현하면서 깊은 감동을 줄 수 있다. 목소리를 훈련하는 데 시간을 할애하면, 자신과 타인 사이에 더 나은 환경을 조성할 수 있다. 내면의 조화를 이루기 위해서는 자신의 목소리를 일치시키고, 목소리가 빠르거나 떨리거나 날카롭지 않도록 해야 한다. 꾸민 듯 소리 나는 목소리는 귀에 거슬리는 악기 소리와 비슷하다. 조화가 안 된 불쾌한 음악이다. 그런 목소리로 말하면 영향력과 신뢰감을 상실한다.

한 사람의 목소리는 그 사람의 서명이자 정체성이다. 그 사람 목소리의 음색, 진동수, 위력이 그 사람을 정의한다. 자기 목소리가 어떤지 깨닫고 훈련하면 다르게 들린다. 잠시나마 자신을 정의하는 강한 신호다. 자신을 표현하고 자신의 개성을 드러내는 의복이다. 그렇게 사람들의 관심을 끌어들이면 된다.

Tips

일상생활에서 뇌를 튼튼하게 하는 방법

다른 신체 기관과 마찬가지로 뇌도 튼튼히 할 수 있는 관리법이 있다.

첫째, 고혈압 등의 심혈관 질환, 고지혈증, 당뇨, 비만, 흡연, 음주 등의 만성 질환 관리 및 생활 습관 관리를 통하여 뇌혈관 건강 관리를 한다.

둘째, 낮잠을 피하고 밤에 규칙적 숙면을 취하도록 한다.

셋째, 낮에는 규칙적인 활동이나 뇌에 활력을 주는 규칙적 운동을 한다.

넷째, 활발한 두뇌 활동을 하도록 한다. 악기, 미술 등의 취미 생활을 즐기는 것도 도움이 된다.

다섯째, 긍정적인 마음을 갖도록 한다. 부정적 마음가짐은 지속적으로 뇌에 부정적 영향을 줘 신체 활동 및 기억력, 집중력 등의 저하를 일으킬 수 있다.

여섯째, 원만한 대인 관계 및 사회 활동이다. 친구나 가족, 동호회 등 좋아하는 사람들과 즐거운 시간을 보내는 것은 밝고 긍정적인 에너지를 생성해 뇌 건강에 도움이 된다.

마지막으로 건강한 식습관이다. 뇌가 적절히 활동하기 위해 필요한 영양소를 적당량 골고루 섭취하는 것이 좋다.

태양으로부터
당신의 뉴런을 보호하라

누구나 바닷가 햇빛 아래 누우면 생각이 점점 더 느려지는 경험을 했을 것이다. 또 아무것도 아닌 것에 정신이 집중되기도 한다. 더우면 사람들은 상처받기가 쉽고 주의력이 떨어지며, 알지 못하는 사이에 소매치기의 사정권에 들어가게 된다. 온도가 올라갈 때 지적으로 무기력해지는 현상은 과학자들의 연구 대상이 되곤 했다.

미국 캘리포니아 같은 주의 사람들은 1년 중 330일을 태양의 뜨거운 열기를 받으며 산다. 알래스카에서야 그럴 일은 없겠지만. 과학자들에 따르면, 혹한까지는 아니고 상당히 쌀쌀한 기온에서 사는 미국인들이 IQ로 평가하는 지적 능력이 우수하다고 한다. 과학자들은 같은 사람들을 대상으로 1년 동안 여름철과 겨울철에 어떤 변화가 있었는지 조사했다. 날씨가 추우면 사람들의 지적 능력이나 이해력이 더 활발해지고 날카로워진다. 지적 능력은 더워지면 약화된다. 이 연구에서는 온도가 높은 방에 있는 대상자들이 현명한 결정을 내릴 때 어려움을 느꼈다는 점을 강조하고 있다. 또 온도가 높은 방에 있는 대상자들이 보통 온도의 방에 있는 대상자들에 비해 더 많은 실수를 범했다는 점도 확인했다.

이러한 현상을 이해하기 위해 여러 이론들이 나왔다. 한 이론에서는 외부 온도가 높을 때 신체는 37° 체온을 유지하기 위해 포도당과 같은 에너지를 많이 소비한다는 점을 강조했다. 이때 소비된 에너지는 부분적으로 뇌 기능에 쓰일 에너지여서, 그런 에너지를 도둑맞은 것과 다름없다. 이 현상은 아주 추울 때에도 일어난다. 뇌에게는 적절하게 쌀쌀한 기온이 이상적이다.

또한 더운 지역의 거주자들은 오랫동안 높은 기온에 적응해 왔기 때문에, 이런 현상에 더 이상 예민하지 않다는 점도 밝혀냈다. 반대로 1년이나 하루 동안 기온에 적응한다고 달라질 것은 없어서 그저 뇌의 기능이 약화되어 있을 뿐이다.

Tips

신기한 온도 조절장치 : 하품

수은주가 너무 높게 올라가서 생기는 마비 상태와 맞서기 위해 우리는 아주 놀라운 송풍기를 가동시킨다. 바로 하품이다. 실제로 하품은 실내공기조절기와 같아서 뇌를 식혀 준다. 하품의 생리적 효과는 몇몇 의학 연구 덕택에 이해될 수 있었다. 날씨가 더울 때, 우수한 뇌 기능을 유지하고 뉴런이 햇빛을 받아 줄어들지 않도록 길게 하품을 하라. 훨씬 나아질 것이다. 물론 뇌의 지적 기능 모터를 식히기 위해 물을 마셔라. 그늘에 머물러라. 아예 '펌프질'이 필요하다 싶으면 과일을 섭취해 뇌에 당분을 공급하라.

침묵의 시간을 가져라

침묵은 금이다. 침묵은 몸과 마음에 값진 보약이 된다. 오늘날에 와서는 거의 침묵하기 쉽지 않은 상황이기 때문에 연구하기조차 어려운 주제다. 추도식 때, 정신 집중할 때, 회상할 때나 잠시 침묵의 시간을 가질 뿐이다. 침묵은 비교적 건강에 좋다.

여러 연구가 침묵이 정신뿐 아니라 몸에도 커다란 이득을 가져다준다는 사실을 밝혀냈다. 스트레스 호르몬인 코르티솔의 양과 혈압을 낮춰 준다. 침묵은 뇌에게 주는 훌륭한 선물이다. 침묵은 집중력을 높여주고 창의성을 증대시킨다. 과학자들은 2분 동안의 침묵이 많은 행복감을 가져다주고, 2분 동안 편안한 음악을 듣는 것보다 스트레스를 더 크게 줄여준다는 사실을 보여주었다. 침묵하는 동안 뇌는 재생되고 복원된다. 생쥐도 마찬가지로 하루에 2시간 정적 상태에 머물게 했더니 새로운 뇌세포가 만들어졌다는 사실을 확인했다. 뇌세포의 재생은 해

마라는 뇌의 전략적 영역에서 이루어진다. 해마는 기억과 감정을 담당하는 중요 부위다.

어떤 형태로 침묵을 해야 할까? 바로 자기 자신을 위해 1분의 침묵 시간을 갖겠다고 결심하면 된다. 하루에 잠시 동안 당신의 삶을 축하하는 상상을 해보자. 그렇게 시도해 보면 그 결과에 놀라게 될 것이다. 다시 시작하고 싶은 욕구가 생기게 하고 싶다면, 당신도 함께 했던 최근 추억의 순간을 떠올려 보라. 이렇게 하고 나면 당신은 어떻게 될까? 분명 이전보다 더 침착해지고 차분해지며, 자기 자신과 다른 사람들과 더 친근해지고, 세상과 더 잘 조화를 이루게 될 것이다.

매일 자신을 위해 잠시나마 침묵의 시간을 갖겠다고 결심하자. 휴대폰을 끄고 홀로 머물러보자. 아무것도 생각하지 말고, 무의식적으로 떠오르는 잡동사니 생각도 멈추자. 호흡에 집중하고서 침묵에 귀 기울이자. 이런 일상의 순간 덕택에 스스로를 소중하게 여기고 스스로를 인식하게 된다. 누구도 당신에게서 빼앗아갈 수 없는 시간을 정해 놓자. 이러한 시간이야말로 스스로를 존중하기 위해 꼭 필요한 귀착점이다. 당신의 본모습을 되찾기 위해 불가침의 시간대를 마련해 두도록 하자.

낮잠 자기에 딱 알맞은 시간은 오후 1시와 3시 사이이다. 낮잠 시간대에 침묵의 시간을 15분만 마련해 보자. 그렇게 하면 하루 중 잠시 실질적으로 세상과 단절할 수 있고, 이후 일의 능률도 훨씬 더 높일 수 있다. 예로 일본에서는 수많은 기업들이 낮잠 시간을 마련해 놓고 있다.

침묵을 통해 당신은 감춰진 감정과 잠자고 있는 창의적 생각의 물꼬를 틀 수 있다.

내면의 장소와 비밀의 공간을 활용하여 당신의 감정에 활력을 불어넣자. 이런 시간을 가져야 당신 자신의 훌륭한 면모가 되보되는 것을 피할 수 있다. 자기 내면의 은밀한 부분이 있는 그대로의 당신을 보여주라고 말을 하고 있다. 이 순간에 숨을 깊게 들이마셔라. 하루 종일 지내는 데 많은 도움이 될 것이다. 침묵의 시간을 통해 당신이 해야 할 것과 당신이 하지 말아야 할 것에 대한 직감이 생길 것이다. 그러면 자기 내면의 숨겨진 부분, 즉 자주 억압되고 속박 당한 부분에 좀 더 활력을 불어넣을 수 있을 것이다.

다른 형태의 침묵도 있지만 같은 효과를 내지는 못한다. 잠잘 때 밤의 침묵, 이따금 말 대신에 행하는 침묵, 손짓으로 표현하는 침묵과 잡음을 내는 침묵, 주고받을 말이나 의논할 것이 없는 커플의 침묵 같은 무거운 침묵, 또 "사랑해."를 의미하는 연인 간의 침묵, 적대적인 침묵, 친구끼리의 묵인도 있다. 이런 경우의 침묵은 쉼표, 마침표와 같이 일종의 언어에 속하는 표현 형태다.

어떤 경우에는 침묵하면 두려움도 생긴다. 어떤 사람에게 침묵은 불안으로 가득 찬 것처럼, 구렁에 빠지는 것처럼, 공중으로 붕 떠다니는 것처럼 느껴질 것이다. 1분이든 얼마든 침묵하는 시간의 길이를 정하고, 이런 공포를 피할 수 있는 환경을 정해 놓아라. 이렇게 자신과 내적으로 약속을 정하는 것은 내면의 무게 중심을 되찾게 해주는 호흡을 하는 시간이기도 하다. 당신은 자신에게 큰 도움을 주고 있다는 것을 알게 될 것이다. 침묵은 당신의 뇌를 곧 재생시키게 될 것이다. 지금 시작하자. 책을 내려놓아라. 침묵은 당신만의 몫이다.

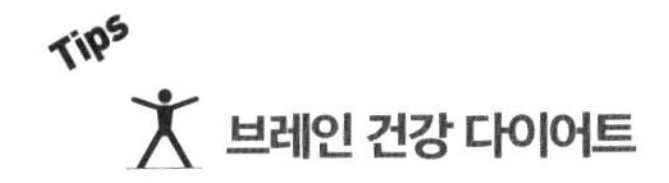

일상생활에서 영양섭취와 건강은 서로 밀접한 관계에 놓여 있다. 따라서 인체의 영양결핍은 우울증, 불안장애, 파킨슨병, 알츠하이머병, 편두통 등의 뇌 질환을 유발하게 된다.

뇌 건강에 좋지 않은 음식의 섭취를 자제하는 브레인 다이어트를 통해 정신건강을 증진시켜야 한다. 이처럼 중요한 브레인 다이어트를 실천하는 방법으로는 뇌세포와 DNA를 파괴해 몸의 노화를 촉진하는 활성산소와 우리 몸, 특히 두뇌에 심각한 손상을 주는 염증을 제거하고 신경세포 간 전달에 지장을 초래하는 당화 반응을 억제시켜야 한다.

다음은 로건 박사가 제시한 브레인 다이어트를 위한 5가지 식생활 지침이다.

① 항산화 물질과 친해져야 한다 – 등푸른 생선, 과일과 채소, 견과류, 해조류, 차, 식용 허브 등을 섭취한다.

② 오메가3 지방산을 섭취해야 한다 – 활성산소와 염증을 줄여주며, 신경세포 간의 신호 전달과 성인 신경계의 성장, 보존, 생존을 담당하며 두뇌에 활력을 불어넣는다.

③ 복부비만을 줄여야 한다 – 복부 지방은 스트레스 호르몬인 코르티솔을 과도하게 증가시키고 이는 두뇌의 노화를 촉진시킨다.

④ 식품 보조제를 복용해야 한다 – 음식 섭취로 모든 영양소를 얻기는 어렵다. 매일 종합 비타민과 미네랄을 먹는 것은 평생 건강을 위한 투자다.

⑤ 아침식사는 꼭 해야 한다 – 영양이 풍부한 아침식사는 인지 능력과 학습 성취도를 높여주는데, 특히 회상 능력과 장기 기억력을 강화시키고 스트레스 호르몬 분비를 줄여준다.

그의 책에서는 성인 체중의 고작 2%를 차지하는 인간의 뇌가 효율적으로 기능하기 위해서는 엄청난 양의 에너지와 혈액이 필요하며, 어떤 음식을 먹느냐가 우리의 정신적, 신체적 건강을 좌우하는 매우 중요한 요소로서 뇌에 아주 지대한 영향을 준다고 말하고 있다.

7장

이제부터 무병장수 프로젝트를 가동하라

"나를 죽이지 못하는 것이 나를 더 강하게 만든다."
–프리드리히 니체

내가 태어났을 때 아버지는 생카 아롱드를 몰고 다니셨다. 오늘날엔 그 모델과 자동차 회사는 사라졌다. 사라진 지도 꽤 오래되었다. 오늘날에는 이 모델을 각별하게 애지중지하는 수집가들이나 몰고 다닌다.

그런 자동차를 소유했던 사람들의 그 시절을 상상해 보자. 나라면 이 자동차를 10년 사용한 후, 그 다음에도 잘 유지할 수 있도록 하루 한 시간씩 시간을 할애하라고 권할 것이다. 너무 이른 시기에 표면이 마모되지 않도록 타이어 공기압 확인하기, 오일과 물의 양 점검하기, 브레이크 드럼과 필터 검사하기, 느슨해져 있는 부품 보강하기 등등. 그러면 당신은 "하루에 1시간이라고? 절대로 있을 수 없는 일이야. 시간이 없다고!"라고 답했을 것이다. 다른 사람들처럼 통상적으로 사용한 후에 당신은 자동차를 폐차시킬 것이다.

그래도 우리 몸은 원활하게 돌아가도록 매일 1시간씩 할애하자. 반드시 이렇게 시작해야 할 시기를 정하라고 한다면 나는 40세라고 권하고 싶다. 굳이 말하지만 확실히 어느 연령대가 되면 그 이후부터 당신의 몸 이곳저곳이 점차 느슨해지기 시작한다. 매일매일 은밀하게 죽음의 상황이 준비되고 도래한다. 그러다 정말로 몸은 병원균의 사격장이 되어버린다.

당신의 몸을 보충하는 시간이 하루 중 가장 중요한 시간이다. 덕분에 계속해서 존재할 수 있기 때문이다. 협상의 대상이 아니다. 당신이 이것저것 해야 할 모든 것이 다 중요한 것은 아니다. 건강 없이는 당신이 그토록 중요하다고 여기는 모든 것이 모래성처럼 한순간에 사라져버릴 수 있다. 이 책을 통하여 나는 오래오래 건강하게 살아갈 수 있는 비결을 전해주고자 한다.

이제 100세 무병장수 시대가 도래하였다. 더 이상 꿈이 아니다. 머지않아 인간의 평균 수명 120세가 실현될 수 있다는 전망이 제기되기에 이르렀다.

낙후성 프로그램을 정지시키기

인간의 몸은 예정된 낙후성(소멸성) 프로그램을 가지고 태어난다. 몸속 기관들은 여러 성능을 지니고 있지만, 재생이 불가능한 경우가 많다. 그런데 피할 수 없을 것 같은 이런 여건이 실은 진실이 아니다. 우리는 비극적 운명을 닮은 이러한 여건들을 얼마든지 바꿀 수 있다. 다시 손댈 수 있는 것이다. 이 파괴 프로그램을 작동시키는 신호들을 예측할 수 있다면 말이다.

예정된 낙후성 프로그램들은 또 다른 영역에서도 쉽게 발견된다. 프린터는 자체 소프트웨어가 용지가 걸리면 작동하지 않도록 고안되어 있기 때문에 멈춘다. 전구는 실제 용량에 비해 아주 일찍 필라멘트가 나가기도 한다. 스타킹은 아주 빨리 올이 풀어진다.

인간의 몸은 자동차보다 훨씬 더 허약하다. 인간의 몸은 강철로 만들어지지 않았기 때문이다. 대체용 부품을 거의 가지고 있지 않고, 평생

간이나 콩팥처럼 태어날 때부터 지녔던 필터를 잘 유지하고 보존해야 한다. 이것이 기초 정보이다. 우리는 아무것도 바꿀 수 없다. 당신은 너무 일찍 망가져 버릴 수 있는 자동차의 소유자일 뿐이다.

Tips

젊어지게 하거나 나이 들게 만드는 물질

우리는 몸의 노화를 막아주거나 또는 촉진하는 호르몬을 만들어 줄 수 있는 능력을 가지고 있다. 몸속 기관들의 약화를 촉진하면서 예정된 낙후성을 자극하는 코르티솔이 그 예다. 반대로 매일매일 신체 운동을 하면 이리신 호르몬(백색지방을 갈색지방으로 전환하게 하는 호르몬)이 생성되어 노화가 억제된다. 우리 몸에는 재생하거나 반대로 파괴하는 수단이 있다. 우리 주위를 살펴보자. 나이는 같은데 더 젊어 보이거나 또는 더 나이 들어 보이는 사람이 눈에 띈다.

1) 삶을 지켜주는 칵테일

나의 조리법은 일상생활의 식습관에서 적절한 칼로리 제한(하루 섭취량의 25~30% + 연속적인 단식 + 지속적인 하루 30분 신체 운동)을 염두에 두는 것이다.

때때로 기관 하나만 너무 이르게 퇴화된 것만으로도 온몸의 퇴화 주기가 촉진되는 경우가 있다. '살찐 간'을 예로 들어보자. 의학에서는 이것을 완곡하게 표현해서 '지방간'이라고 부른다. 지방과 당분이 과도하게 많은 식사, 과음, 운동 부족 때문에 간이 너무 살찌게 된다. 지방간은 초음파 검사로 쉽게 확인할 수 있다. 간은 콩팥과 더불어 우리 몸을 정화시키고 해독시키는 중요한 기관이다. 간이 살찌면 구멍 막힌 필터처럼 곤란한 상태가 된다. 더 이상 제대로 간 기능을 하지 못한다. 해로운 독을 비롯해 너무 빨리 세포를 망가뜨리는 것들이 간에 축적되고, 몸은 빠르게 쇠약해진다.

만약 너무 멀리 진행되지 않았다면 간은 얼마든지 재생될 수 있다. 500일 동안 액셀에서 발을 뗀다면, 간을 새롭게 되찾을 수 있다. 물을 많이 마시고 야채를 먹어주고 약간의 가금류와 생선도 먹으면서 간 기능 회복에 신경을 써야 한다.

노화 방지 치료제

여기서 말하는 치료제는 약국에서 파는 약이 아니다. 노화로 인해 생긴 위험한 염증에서 세포들을 보호하기 위해 우리 몸에서 매일 만들어 내는 묘약(멜라토닌, 에스트로겐, 테스토스테론, 프레그네놀론 등)이다. 그것은 찾기 쉽고 손이 닿는 곳에 있다. 바로 음식에 들어 있는데, 우리 몸에 필요한 성분이 그 효력을 발휘한다.

최근 과학 연구 덕택에 마침내 우리 몸을 좀먹는 염증을 제거할 수 있는 소화기를 찾아낼 수 있었다. 초기 연구는 땅속 지렁이, 생쥐와 사람을 대상으로 실행되었다. 먹이와 음식을 변화시켰더니 혈액 속 염증 인자들이 줄어들었고, 면역 체계는 건드리지 않으면서 정상 상태에서 약간 벗어난 정도까지 회복되었다. 그리고 염색체 말단소립이 더 길어졌다. 염색체 말단소립이 건강하게 살고자 하는 희망의 표지라는 사실을 상기시키자. 말단소립이 길수록 수명이 길어진다. 또한 DNA와 유전자 물질을 보호하는 효과도 유발되었다.

어떻게 하면 하루 칼로리 섭취량을 30% 줄일 수 있을까?

안심하라. 당신은 어떤 것도 부족하지 않다. "굶어 죽겠다.", "배고파 죽을 지경이다." 등의 표현은 집단적 불안증을 나타내는 표현일 뿐이다. 우리가 느끼는 불안증은 실제로 굶어 죽는 사람이 많았던 고대 때 비롯된 것이다. 물론 지금의 산업화된 세상에서는 굶어 죽는 경우가 거의 없다. 굶주림은 사라졌지만, 조상 대대로 내려온 두려움은 우리 내면 깊은 곳에 각인되어 있다. 이러한 무의식적인 두려움은 우리가 배고프지 않아도 식탁에 가는 이유와, 늦게 저녁식사를 해야 할 것 같다고 생각이 들 때 비상용 음식을 준비해 두는 습관이 잘 설명해 준다. 조상님들은 우리도 모르는 사이에 우리를 조종해 왔다.

세포 파괴를 대상으로 삼는 과학 연구가 한 가지 중요한 요인을 찾아냈다. 바로 음식이다. 매일 먹는 음식이 우리 몸을 서서히 파괴하거나 더 강하게 만들기도 한다. 음식은 건강한 삶의 희망에 필수적인 중요한 요소다. 곤혹스러운 것은 여러 실수가 즉시 눈에 띄지 않는다는 사실이다. 우리는 즉각적인 피해를 인지하지 못한 채 오랫동안 음식섭취를 하여 치명적인 손상을 입을 수 있다. 계속해서 음식을 통한 일탈 행동의 이유로 즐거움을 내세우지만, 즐거움은 미끼에 불과하다. 우리는 즐거움과 아무렇게나 빨리 배를 채우는 것을 혼동하고 있다. 그리 건강에 좋지 않은 음식과 맞서기 위한 수단 중 하나는 칼로리 제한이다. 칼로리 제한은 뇌 역량을 키우는 데에도 한몫을 한다. 칼로리 제한은 실제로 뇌세포의 파괴를 줄여준다. 다른 관점으로 살펴보면, 칼로리 제한은 '시르투인 1'이라는 효소를 활성화시키는데, 이 효소는 나이와 관련 있는 뇌 결함을 예방하는 데 관여한다.

하루 칼로리를 30% 줄이기 위한 수단을 소개하려고 한다. 이러한 방편 중에 당신에게 가장 알맞은 것을 선택하라. 식이요법을 끝까지 해내려면 말 그대로의 식이요법이어서는 안 된다. 식이요법(절식)이라는 개념은 처벌처럼 느껴질 수 있고 아무도 평생 처벌 받고 싶어 하지 않는다. 매 끼니때마다 당신에게 실제로 즐거움을 주지 않는 음식, 쉽게 빼버릴 수 있는 음식을 찾는 것부터 시작하라.

나는 이런 음식을 볼 때마다 "어휴, 지겨워!"라고 소리치는데 달리 말하면 어떤 만족감도 주지 못하는 음식인 것이다. 이런 음식은 정리하고 빼버려라. 되도록 작은 접시를 사용하고 추가로 음식을 더 먹지 않는 습관을 기르자. 조용한 분위기에서 입을 다물고 조금 천천히 먹자. 시간을 들여 꼭꼭 씹어 먹자. 새 접시가 나올 때마다 5분 정도 기다려서 포만감이 들도록 하자. 혈당지수가 가장 낮은 음식들을 선택하여, 췌장이 인슐린을 부적절하게 분비하지 않게 하자. 혈액 속에 당분이 과도하게 있으면 그 당분은 쓸모없는 지방으로 변화되고, 세포 염증 현상이 많이 발생하게 된다. 이 책의 제1장을 다시 살펴보고 건강하게 먹는 법을 습득하도록 하라.

Tips

하루에 두 끼를 먹으면 더 건강하고 오래 살 수 있을까?

물론 그렇다. 소식이 답이다.

음식물을 소화시킬 때, 음식물을 완전 영양분으로 변화시키고 찌꺼기를 제거하기 위해 몸은 여러 수단을 사용한다. 그러기 위해서는 에너지를 생산해야 한다. 이 때문에 소화할 때 우리 몸에 열이 발생한다. 효소와 호르몬 분비, 씹기, 간과 콩팥의 여과 기능 등 이런 모든 활동에는 큰 수고가 필요하다. 그래서 푸짐한 식사를 하고 나면 피로를 느끼는 이유를 충분히 이해할 수 있을 것이다. 100그램도 안 되는 작은 샘인 췌장은 몸에 들어온 당분을 흡수하기 위해 충분한 인슐린을 생산한다. 그러나 장기간 췌장이 지나치게 수고를 하게 되면, 췌장은 느슨하게 활동하게 되어 당뇨병에 걸리게 된다.

지난 세기부터 음식 습관이 많이 변했다. 사람들은 자주 패스트푸드점 같은 곳에서 하루에 최소 세 끼를 먹는다. 우리 몸은 쉴 틈이 없다. 끊임없이 먹고 소화시키기 때문에 세포들은 최소한의 휴식도 취하지 못한다.

마트에서는 과일과 야채 성분이 든 '해독즙'을 권하지만, 실제로 어떤 효과가 있는지 증명되지 않은 건강식품이다. 확실한 것은, 해독즙이 초록색을 띠고 있고 마케팅 도움도 받지만 설탕과 칼로리가 많다는 점이다. 한 컵의 설탕은 당신에게 어떤 의미인가? 차라리 나는 적절한 양으로 야채를 잘라서 바로 먹겠다. 영양상의 혜택(비타민과 미네랄)이 변질되지 않은 야채를 말이다.

일정 기간 동안의 단식

만약 임신, 다른 약 복용, 반복되는 저혈당과 같은 특별한 상태와 관련하여, 주치의가 금기 징후(치료, 투약 따위를 금해야 할 환자의 상태)는 아니라고 진단을 내렸다면, 나는 일정 시간 동안 단식을 해보라고 권하겠다.

좋은 단식 방법은 적어도 일주일에 한번 16시간 동안 몸을 쉬게 하는 것이다. 구체적으로 말하면, 저녁 9시에 저녁식사를 마치고 그 다음 날 아침을 거르고 오후 낮 1시에 점심식사를 한다. 다른 시간대도 가능해서, 아침은 꼭 먹어야겠다고 한다면 점심과 저녁을 건너뛴다. 이 시간 동안 당분과 칼로리가 없는 물, 한약 그리고 적당한 양의 차와 연한 커피는 마셔도 된다. 이 소중한 휴식 시간 동안 세포는 회복되고, DNA와 면역 체계는 보강된다. 염증 현상도 그만큼 줄어든다.

우선 칼로리 제한과 단식의 차이점을 말해보겠다. 단식을 하면 노화 방지 효과가 있는 성분(IGF1)을 자극하는 신호가 발생한다. 음식 섭취를 일시적으로 제한하면 세포들이 사용하는 에너지에 작은 변화가 일어난다. 음식을 제한하면, 신진대사의 기능장애가 생기지 않도록 보호 유전자가 과잉 발현한다. 일정 시간의 단식은 일종의 차단기 역할을 하여, 몸은 에너지를 낮은 상태로 전달하고 보호 체계를 가동시킨다. 단식은 유전자 자체가 아니라 유전자 발현을 변화시킨다. 이 개념이 중요하다. 왜냐하면 사람이 태어나면서부터 유전자가 작동하는 것이 아니고, 어떤 사람들은 좋은 패(유전자)를 가지고, 어떤 사람들은 나쁜 패를 가지고 태어난다는 사실을 이 개념이 명쾌하게 말해주고 있기 때문이다. 우리는 훌륭한 유전자가 완전히 건강한 상태에 있게 하면서, 또 건강하지 못한 유전자의 발현을 차단하면서, 효율적으로 자신만의 유전학에 영향을 끼칠 수 있다. 이렇게 우리는 건강의 적극적인 기획자가 될 수 있다.

우리는 칼로리 제한처럼, 일정 기간의 단식이 적절한 스트레스와 비슷하다고 생각할 수 있다. 이로운 스트레스는 우리 몸을 회복시키고 DNA를 보강시켜 줘, 힘든 시간을 견뎌낼 수 있다. 신진대사 프로그램을 다시 짜는 것이다. 에너지가 적게 소모되면 세포의 노화가 진행되지 않아 수명이 연장되는 원리가 적용되는 것이다.

주 1회 단식을 하면 돈 들이지 않고 몸 해독을 할 수 있고, 인체의 낙후성 프로그램을 중단시키는 데 큰 도움을 받을 수 있다. 단식 후에 컨

디션이 좋아지고 덜 피곤하며 만성 통증에 덜 시달리게 되는 것을 확인해 보라. 우리 몸은 단식 덕분에 새로운 세상을 맛볼 수 있다. 일정 기간 단식 후에 음식에 손을 대는데, 이제부터는 식사 시간이 되어서 식탁에 앉는 것이 아니라 정말 배고파서 식사를 하겠다는 결심을 하게 될 것이다. 또 그 동안 만족감을 느끼지도 못하고 무의식적으로 죄의식을 느끼면서 먹어댔던, 기름지고 달며 짠 음식을 버리고 몸에 이로운 음식을 더 찾게 될 것이다. 단식의 기간은 자유를 되찾기 위한 중요한 시간이다. 단식은 광고나 다른 사람들의 기호 때문에 부추겨진 욕구가 아니라, 자신의 진정한 욕구를 찾기 위한 수단이어야 한다.

신체 운동의 효과

오랫동안 병들어 누워 있으면 생존의 예후를 저당 잡힐 수 있는 중대한 위험에 노출된다. 정맥염이 폐색전증과 더불어 불시에 생길 수 있다. 폐색전증은 혈관 속 울혈(몸 안의 장기나 조직에 정맥의 피가 몰려 있는 증상)과 관련이 있고, 나중에 혈전이 만들어진다. 피부에 괴저(혈액 공급이 되지 않거나 세균 때문에 비교적 큰 덩어리의 조직이 죽는 현상)가 형성될 수 있고, 근육이 점차 없어진다. 반대로 매일 신체 활동을 활발히 하면 우리 몸에 놀라운 방어 체계가 작동되어 병을 물리칠 수 있다. 이러한 방어 체계에 결과가 만족스러운 진정한 피부노화 방지약이 들어 있는 것이다.

하루 30분 신체 운동을 하면 암, 심혈관 질환, 알츠하이머병에 걸릴 위험이 40% 줄어든다. 근육 전체량은 50세부터 매년 2%씩 감소해, 근육은 힘과 균형을 상실한 채로 유지된다. "저는 주말마다 운동을 합니다."라고 말하는 사람에게 나는 이렇게 대답한다.

"그렇다면 당신은 주말에만 양치질을 하십니까?"

30분 동안 몸에 1,004개의 이리신 호르몬이 방출되는데, 이 정도 숫자면 세포를 보호하는 효력을 충분히 지니게 된다. 꿈의 칵테일이다.

영국 연구진이 다른 정보를 찾아냈다. 신체 운동이 월등한 면역 보호 장치를 만들어낸다는 것이다. 나이가 들수록 몸의 면역 체계는 쇠약해진다. 면역 체계는 전염병이나 암을 방어하는 일에 관여한다.

나는 여러 해 전부터 털 없는 설치류를 연구하고 있다. 아프리카 동쪽에 사는 작은 생쥐가 그것인데, 수명이 무려 30년이나 된다. 보통 생쥐의 수명이 2~3년인데 말이다. 사람으로 치면 600년을 건강하게 사는 셈이다. 이 생쥐는 심혈관 질환, 알츠하이머병, 암으로 고통 받는 일이 전혀 없다. 풍요롭게 사는 이 생쥐에게는 노화를 나타내는 어떤 징후도 나타나지 않는다.

프랑스 메종 알포르에 있는 국립 수의사 학교에 들여놓은 유일한 털 없는 설치류 집단을 관찰하면서, 나는 놀라움을 금치 못했다. 우리가 배열해 놓은 안전유리 관들 속에서 생쥐들이 하루 종일 뛰어다니고 있었는데, 그들이 마치 일종의 조깅을 하는 것 같았다. 틀림없이 이 생쥐들이 믿을 수 없을 정도로 건강하게 장수하는 비결을 설명하기 위한 실마리나 단서 중의 하나일 것이다. 때마침 이 생쥐들의 또 다른 특징도 발견하였다. 인간의 체온이 37°인데 반해, 생쥐의 체온이 평균 섭씨 32°라는 점이다. 이 생쥐를 연구한 실험을 통해 얻어진 결과를 살펴보면, 체온이 0.5° 낮아지면, 뇌 속에 있는 체온 조절 중추가 간섭 받으면서 수명이 15% 늘어난다는 사실을 발견했다.

나는 엄청나게 추울 때에도 마찬가지로 밖에서 운동하라고 권하지 않는다. 여러 연구가 이런 식의 운동은 산화 반응 스트레스를 증가시킨다고 밝혔기 때문이다. 그건 운동의 목적이 아니다. 날씨가 몹시 추울 때에는 당연히 실내에서 운동하는 것이 낫다.

2) 망가진 세포를 없애야 산다

변이되어 생긴 이상 세포를 몸에서 떼어내야 한다. 우리 몸 세포에서는 매순간 작은 기적이 수없이 일어난다. 이상이 있는 세포가 순식간에 제거되는 것이다. 이러한 점이 중요하다. 이상이 있는 세포가 다른 세포로 옮겨지면 암을 발생시킬 수 있기 때문이다.

첫 암세포로 거슬러 올라가기

경이적인 발견이 아닐 수 없다. 과학자들이 오랜 연구 끝에 암으로 발전한 세포들에서 암의 기원이 되는 첫 세포로 거슬러 올라간 것이다. 암을 일으키는 장본인이 바로 이 망가진 세포다. 세포는 보통 생체의 항상성, 즉 세포 분열을 통해 자신을 새롭게 바꾸어 나간다. 그 중 쇠약해지거나 죽은 세포들은 자연스레 소멸된다. 그런데 세포의 DNA가 훼손되어 암세포가 되면, 그 암세포는 죽어버리지 않고 오히려 통제가 안 될 정도로 증식하고 그러다 치명적인 전이성 종양이 만들어진다. 마치 암세포들이 떨어져 나간 세포 조각 자리에 결함 있고 위험한 세포 조각을 갖다 붙인 것처럼 말이다.

이때 파국이 연속적으로 발생한다. '세포 청소'라는 자연적인 생체리듬 체계가 첫 암세포를 제거하지 못하고, 림프구 NK 종양 사냥꾼(NK 세포)을 활용하는 면역 체계가 제 역할을 못하고, 프로그램화되어 있는 변질 세포 자살이 시작되지 못하고, 마찬가지로 세포가 자식작용(自食作用 세포가 자신의 대사물이나 세포질의 일부를 소화하는 현상)을 하지 못하면 억제 수단이 없어서 첫 암세포는 우리 몸이 죽음에 이를 때까지 증식하게 된다.

종양이 극도로 작기 때문에 조기 진단이 그만큼 어렵다. 그래도 치료의 성공 여부는 대부분 조기 발견에 달려 있다.

우리의 몸 세포는 꾸준하게 세포 분열을 한다. 초당 2천만 개의 세포를 만들어낸다. 그렇지만 만들어진 세포가 완벽한지 그 여부를 알려고 세포들을 일일이 확인할 수는 없다. 게다가 면역 체계는 나이가 들면 들수록 그 기능이 저하되고 만다. 기능이 떨어져 암 같은 질병에 걸리는 빈도수가 증가한다.

우리는 세포를 변질시켜 암에 이르게 하는 요인들, 담배, 술, 햇빛 과다노출, 비만, 여러 화학제품 따위를 알고 있다. 암에 대항하여 강력하게 맞서는 수단은 바로 이런 요인들을 제거하는 것이다. 더욱이 이런 요인들은 나이가 들면서 더 위험스러워진다.

고유의 세포들을 보존하기

(1) 세포의 건강한 기능

인체를 해치지 않는 것이 우리를 더 강하게 만든다. 몸을 튼튼하게 하기 위해서는 어느 정도의 고통, 통증, 스트레스를 받아들일 줄 알아야 한다. 태어나서 처음 세균과 접촉하면서부터 면역 체계가 발달하고 튼튼해진다. 세균은 우리 몸을 더 잘 방어하기 위해 필요한 공격 매개체이다. 각종 질병으로부터 자신을 지키기 위해 우리는 백신을 맞는데, 백신은 우리 몸을 약화된 바이러스에 노출시키면서 면역 체계를 작동하게 하는 요법이다. 근육을 많이 쓰면 아프지만 대신 근육이 튼튼해진다. 외국어나 악기를 배우려면 머리를 많이 써야 하고 덕분에 뇌는 성능이 더 향상된다.

앞에서 보았듯이 세포의 방어 체계와 관련한 여러 메커니즘이 작용한다. 자식작용에서 세포는 파괴되거나 회복되기 위한 고유의 도구(리소좀)을 사용한다. 자식작용은 세포 소멸과 면역 반응에 개입한다. 세포 자살은 세포가 자기 파괴를 일으켜 죽음에 이르게 하는 것을 말한다.

이상이 있는 세포들을 회복시키거나 제거하는 활동은 우리 삶에서 꼭 필요한 일이다. 사용이 불가능한 세포를 제대로 없애지 못하면, 이러한 세포들이 다른 세포들에게 신호를 보내고 이 세포들이 치명적인 병을 일으키게 된다. 나이가 들수록 이런 세포 청소 작업의 능률이 떨어진다. 그런데 매일 만들어지는 비정상적인 세포 수는 나이와 더불어 증가한다.

이러한 이상 세포 제거 체계의 성능이 건강한 삶의 질을 결정한다. 제거 체계가 효과적으로 작동하지 못하면 생명이 위태로워진다. 희소식이 있다. 제거 체계 능력을 향상시킬 수 있다는 사실이다.

위험한 순간에 우리 몸은 방어 체계를 활성화시킨다. 에너지를 모아 대처한다. 정말 추울 때 우리 몸은 지방을 태워 체온을 유지한다. 우리는 일시적으로 추위를 피하기 위해 빨리 뛴다.

생물학적으로 DNA를 견고히 하고 세포 청소 체계를 자극하는 훌륭한 방법이 있다. 바로 일정 기간의 단식이다. 세포에 영양소가 부족하면 세포는 계속해서 정상적으로 기능할 수 있도록 고유 수단을 서둘러 사용한다. 세포는 계속해서 살아가기 위해 새로운 우회로를 받아들인다. 즉 이때 영양소 부족 때문에 생긴 압박감이 오히려 그 압박감에 대응하도록 더 강한 세포 반응을 일으킨다. 물론 너무 많은 손상을 입은 세포는 소멸하지만 말이다.

(2) 칼로리 과다

우리 인간의 몸은 필요한 에너지를 매일 공급해 주면 자연스럽게 제대로 기능하게 된다. 우리는 몸에 필요한 음식을 먹고 에너지를 만든다. 활동을 하지 않아 과도하게 남은 칼로리는 몸에 축적된다. 이로 인하여 몸의 여러 기관이 너무 빨리 노쇠하고 쇠약해진다. 특히 간은 오리의 간(푸아그라)처럼 살찌게 된다.(지방간) 많은 유해물질을 제거하는 필터 역할을 하는 간은 비만증에 걸린 사람이 그렇지 않은 사람보다 더 많이 암에 걸리는 이유를 설명해 주는 실마리가 된다. 지방간이 진행되면 동맥은 아테롬판으로 덮이고, 점차 동맥을 막아 버린다. 이 때문에 심근경색과 뇌졸중에 걸릴 수 있는데 이것이 전부가 아니다. 삶의 질이 나빠진다. 남성의 경우 발기에 관여하는 동맥이 병에 걸려 성충동이 반감된다. 여성의 경우 아테롬성 동맥경화증 때문에 난소관이 훼손되어 폐경 연령이 7년까지 앞당겨질 수 있다. 여기서 과체중과 관련이 있는 요통이나 무릎 통증은 별도로 언급하지 않겠다.

과체중 때문에 본인은 결국 즐거움과 기쁨을 누리지 못하는 상태가 되어버린다. 이 점이 매우 중요하다. 우리는 자제하지 않고 마음껏 음식을 먹는 사람이 행복하다고, 금식하는 사람을 참 안된 사람이라고 여긴다. 과체중과 비만은 집요하게 삶을 조금씩 갉아먹는 침묵의 살인자다.

해결책은 간단하다. 건강을 해치지 않는 범위에서 먹는 즐거움을 찾아야 한다. 몸에 이로운 음식을 선택할 줄 알아야 하고, 이로운 음식을 식단에 끌어들이고 좋아하는 법을 습득해야 한다. 당연히 음식량은 억제해야 한다. 건강에 좋고 칼로리가 별로 없는 음식이라고 너무 많이 먹어도 된다는 것은 절대 아니다.

예를 들어 과일은 모두가 건강하다고 여기는 음식이다. 과일에도 당분과 칼로리가 있다. 만약 하루 종일 버찌 1킬로그램을 먹으면 500칼로리를, 포도 1킬로그램을 먹으면 700칼로리를 섭취하는 것이다. 과일의 경우 의식하지도 못하는 사이에 조금씩 자꾸 먹어 댈 때가 많아진다. 이렇게 칼로리가 추가된다. 올리브유도 훌륭하지만 다른 기름처럼 수프용 숟가락 한 개 분량이 칼로리가 90이다. 샐러드를 만들다가 양을 조절하지 못하고 여섯 숟가락 분량을 부었다면 540칼로리가 된다. 그래서 많은 사람들이 매끼 식사 때마다 소량의 샐러드와 과일을 먹으면서, 유전된 것이고 어쩔 수 없는 운명이라서 자신은 날씬해질 수 없다고 생각하는 이유를 이해할 수 없다. 단지 영양가에 대해 잘못된 지식을 갖고 있을 뿐이다. 나는 해결책 없는 문제는 되도록 거론하지 않으려고 한다. 이렇게 정밀함을 요하는 경우에는 기름을 소형 분무기에 넣어 뿌릴 것을 권하고, 그러면 기껏해야 50칼로리 정도 섭취하게 될 것이다. 또한 딸기나 포도 같은 과일은 찻잔 한 잔 분량으로 양을 제한해 먹을 것을 권한다.

(3) 사망의 세 가지 원인

인간은 세 가지 질환 때문에 가장 많이 죽는다. 심혈관 질환, 암, 알츠하이머병과 같은 신경 퇴행성 질환이 그것이다. 이 병들은 몇 가지 공통점이 있다. 나이가 들수록 빈도수가 증가한다. 이 질환들은 모두 같은 메커니즘으로 시작한다. 바로 감염이다. 감염은 세포를 감싸고 있고 나이가 들수록 점차 더 크게 점화되는 불길과 비슷하다. 이 불길을 제압하지 못하면 생명과 직결된 기관들이 불에 타버리고 만다. 그렇게 퇴화한다. 세포는 모든 조절 능력을 상실한 채 무질서하게 증식하고, 아테롬이 동맥을 막아 버려 심장과 뇌를 마비시키고, 신경조직이 아밀로

이드판으로 뒤덮여 알츠하이머병처럼 기억력이 파괴된다. 병으로 사망한 사람 10명 중 7명이 이러한 만성질환과 관련이 있고, 공통적으로 억제할 수 없는 염증을 지니고 있었다. 이 만성질환들이 다소 나이가 많은 연령대에서 불시에 생긴다는 사실을 확인했다면, 생활방식이 삶의 지불 만기일에 얼마나 큰 영향을 줄 수 있는지 이해할 수 있을 것이다.

Tips

분노밸브를 압력솥 밸브처럼 적당히 열어라

2시간 동안 계속해서 분노를 폭발하거나 조절하지 못하면 심근경색으로 죽을 확률이 5배 증가하고, 동맥류 파열이 생겨 심각한 뇌졸중으로 죽을 확률이 6배 증가한다. 그건 그렇지만 영국 과학자들이 6,000명을 대상으로 한 연구에서, 이따금 화를 내고 분노 상태에 있으면 수명이 2년 더 늘어난다는 사실을 밝혀냈다.

결론은 이렇다. 이따금 작게 화를 분출하여 긴장과 압박감을 해소하고 번민에서 벗어나라는 것이다. 이렇게 하고 나서 다른 것으로 넘어가라. 분노가 폭발하여 쓸데없이 동맥을 상하게 하지 않도록 또 다른 분노를 덧붙이지 마라.

3) 머릿속을 젊게 유지하라

자신이 실제 나이보다 더 들어 보인다고 느끼면, 병에 걸리거나 병원에 입원할 위험성이 25% 커진다. 이런 사실은 캐나다 의사들이 이런 특성을 지닌 사람들을 연구한 끝에 발견한 것이다. 신분증 사진보다 더 나이 들어 보이면 자존감이 상하여 상처 받기 쉬워지고 조금은 의기소침해진다. 집에만 있으려 하니 근육이 줄어든다. 나이 들어 보인다는 말을 들으면 의욕도 떨어지는데, 이러다 몸은 점점 노쇠해지고 인지력도 약해지면서 여러 질병에 걸리기 쉬워진다.

이런 행동은 내면을 괴롭히는 정신적 독을 제조하는 것과 같다. 정신을 어떻게 가다듬느냐에 따라 노인처럼 살 수도, 젊은이처럼 살 수도 있다. 어떤 태도를 선택하느냐에 따라 수명도 결정된다. 인간은 몸을 보호하는 행복 호르몬을 만들거나, 건강을 악화시키는 독을 만들거나 하면서 적절하게 대응해 나간다.

반대로 자신이 실제 나이보다 젊어 보인다고 느끼면 실제로 몸과 마음이 젊어진다. 그만큼 스트레스에 대한 대처능력이 탁월하다는 뜻이기도 하다. 자존감도 커져, 도전 의식이 생기고 위험한 상황에 처해 보기도 한다. 제네바 대학교의 과학자들은 자신이 건강하다고 느끼면 수명이 상당하게 길어진다는 사실을 확인했다. 오래 살면 더 많은 일을 할 수도 있다. 매일매일 힘차게 행동하면 풍성한 삶을 오래도록 누릴 수 있다.

알츠하이머병 예방하기

우리가 알고 있는 치매에는 백신이나 치료법도 없다. 현재로선 이 병에 맞서는 예방법만 있을 뿐이다. 보통 사람들과 비교하면서 알츠하이머병 환자들을 관찰한 연구진은 드디어 이 병으로부터 스스로를 보호할 수 있는 방패막이를 찾아내는 데 성공했다.

1) 위험 요소와 예방법

과체중은 분명하게 알츠하이머병과 고혈압의 원인을 제공해준다. 규칙적으로 의사를 찾아가 혈압 관리를 받아야 한다. 당뇨병도 알츠하이머병 발생에 한몫을 하는데 자신의 혈당치를 확인하고 정상치 정도로 낮춰야 한다. 당분 섭취를 제한하는 것도 훌륭한 방법이다.

비타민 D가 결핍되지 않도록 하는 것도 중요하다. 간단한 혈액검사로 확인할 수 있다. 만약 부족하다고 나오면 의사가 처방해 줄 것이다. 비타민 D는 대부분 햇볕을 쬐면 만들어진다. 우리가 입고 있는 옷이 이런 효과를 방해하곤 한다.

음식을 잘 섭취하는 것도 예방 효과가 있다. 매일 커피(세 잔 이하로)를 마시고, 계피와 DHA를 섭취하면 좋다. DHA는 뇌질환을 예방해 주는 몸에 좋은 지방류의 하나이다. DHA는 뇌의 연결 부위를 보강해 주고 기억력을 개선시켜 준다. DHA는 고등어, 정어리, 생연어와 같은 생선과 호두에 많이 함유되어 있다. 알츠하이머병에 맞서기 위해서 할 수 있는 것은 다해야 한다. 하루 30분 운동을 끊임없이 유지하고, 사회적 유대관계를 계속 맺으며, 다른 사람들과 끊임없이 교류를 지속하고, 전문적인 활동이나 단체 활동을 하는 것이 필수적이다.

2) 온전한 상태와 내적 균형 유지하기

주위 사람들이 계속 가하는 압박감은 고스란히 우리 몸 세포들에게 전해져 세포들이 질병에 취약해지게 된다. 세포 파손이 촉진되고 노화가 빨리 진행된다. 과학자들의 연구를 통해 이런 사실을 알 수 있었다. 즉 위협이나 공격이 가해질 때 세포들은 생리적, 심리적 반응을 보이고, 몸은 자신을 보호하기 위해 코르티솔이라는 호르몬을 만들어서 대항한다. 만약 위협이나 공격이 우연하게 일어난 것이라면 문제될 것이 없지만, 반복된다면 되풀이되는 스트레스가 각 세포의 염색체 말단소립 길이에 타격을 준다. 그렇게 말단소립은 짧아지고 그 결과 수명이 단축되고 암, 알츠하이머병, 심혈관 질환에 걸릴 위험성이 그만큼 커진다.

다른 사람들이 은밀하게 또는 눈에 띄게 자신을 냉담하게 대할 때,

우리 정신 구조만 불안해지는 것이 아니라 건강도 해치게 된다. 내가 하고 싶은 말은 이렇게 되도록 그냥 내버려 두지 말라는 것이다. 만약 주위 사람들이 부정적인 눈길을 당신에게 보낸다고 느껴지는 순간, 가능하면 자리를 피하도록 하라. 또는 그 사람들에게 그 느낌을 말로 표현한다면 도움이 될 것이다. 당신이 이런 느낌을 말이나 행동으로 표현하지 않으면, 대신 당신의 몸이 곧 몸의 언어로 아프다고 말할 것이다.

Tips

100세 시대 장수비결의 절대적인 조건

지금까지 우리에게 알려진 지구촌 장수마을의 공통점은 규칙적인 생활태도(습관), 주변 환경(자연적), 원만한 성격, 충분한 영양상태 등의 요소가 작용하였던 것으로 파악된다. 하지만 현대인들에게 요구되는 건강요소는 정신건강, 신체건강, 경제적 안정성, 사회적 연결고리(관계) 등이 더 중요한 조건으로 파악되고 있다.

털 없는 설치류: 장수의 실마리

1) 털 없는 설치류의 몸은 어떻게 기능을 수행하는가?

털 없는 설치류(생쥐)는 인간과 유사하다. 유전자의 93%가 공통점을 지니고 있다. 게다가 연구진이 약물을 테스트할 때, 인간에 끼치는 효과를 미리 알아보려고 표본으로 삼는 대표적인 동물이다. 털 없는 설치류 생쥐는 병을 잘 견뎌낸다. 암 종양을 이 생쥐에 이식했을 때 생쥐는 암 종양을 물리친다. 이 생쥐의 뇌와 동맥은 평생토록 망가지지 않고 젊음을 유지한다. 암컷과 수컷 모두 죽을 때까지 풍요와 온전함을 누린다. 마치 노화 시계가 멈춘 것 같다.

그렇다고 이 생쥐가 인간이라면 죽게 만드는 질병으로부터 자신을 보호하는 무적의 생물학적 방패를 소유하고 있는 것은 아니다. 이 생쥐가 대략 30살이 되면, 몇 주 동안 행동이 느려지고 피부가 쪼그라들며 그러다 잠자듯 숨을 거둔다. 부검을 해봐도 생쥐의 죽음을 설명해 주는 어떤 단서도 찾을 수 없다. 궁색하나마 가능한 해석은 생쥐의 기원 세포(줄기 세포)가 감소했다는 정도다.

112세까지 살았던 네덜란드인의 시신이 의학 연구를 위해 기증된 적이 있다. 예외적으로 이 시신에는 암, 알츠하이머병, 심혈관 질환에 걸린 흔적이 없었다. 부검 때 의사들은 생쥐가 건네준 수수께끼의 실마리를 찾았다. 즉 이런 병들이 인간을 압도하지는 못했는데 어째서 인간은 죽을까?하는 문제였다. 시신의 골수에서는 두 개의 기원 세포만 있었다. 기원 세포는 적혈구와 같은 세포를 매일 새롭게 만든다. 적혈구의 수명은 120일 정도다. 공상과학 소설 속에서나 나올 법한 이야기를 해보자. 아직 젊었을 때 기원 세포들을 채취한 다음 보관하는 것이다. 기원 세포들은 액화질소 속에 넣으면 200년까지 보존될 수 있다. 불멸을 향한 첫 관문이다.

2) 질병에 저항하기 위해 털 없는 설치류는 어떻게 하는가?

첫 번째 실마리는 세포의 자식작용이다. 자식작용은 이미 우리가 그 의미를 알고 있듯, 세포가 자기 자신을 잡아먹는 행위다. 실제로 자식작용은 각각의 세포가 자기 집을 청소하는 일과 같다. 독성 찌꺼기와 훼손 부위를 제거하고, 더 이상 기능하지 않는 요소들을 청소한다. 남은 생존 기간을 안전하게 보내기 위한 지속적인 정화 작업이다. 자식작용을 하면 불필요하고 독성이 든 것들이 축적될 수가 없다. 자식작용은 단식 때의 에너지 결핍 상황처럼 세포가 스트레스를 받았을 때에도 이루어진다. 자식작용은 세포가 자신의 조직을 보강하고 수선해 오래 살아남도록 도와준다. 재미있는 것은 자식작용이 두 가지 가능성을 지넜다는 점이다. 독성 요소를 청소하고 보강해서 세포를 수선할 가능성, 세포가 더 이상 재생될 수 없어 세포를 완전히 파괴할 가능성(세포 자살)이 그것이다. 건강한 삶을 유지하기 위해 꼭 필요한 기능이다.

찌꺼기를 제거할 능력이 없는 세포를 상상해 보자. 알츠하이머병의 경우에는 치명적인 판들이 축적된다. 암의 경우에는 이상이 있는 첫 세포는 제거되지 않고, 증식해서 인체의 각 기관 속에 침투한다.

초기 과학 연구를 통해 털 없는 설치류는 정상적인 식세포 활동(병원체 제거 활동)을 넘어서는 능력, 인간보다 훨씬 더 뛰어난 능력을 소유하고 있다는 사실이 밝혀졌다. 이러한 연구의 목적은 털 없는 설치류가 지닌 능력을 수동적으로 감탄하며 바라보는 것이 아니라, 인간에게도 이 능력을 재현하려는 것이다.

특별부록

너만의 행복 보물지도를 그려라

살더만의 행복 건강에세이

독자여러분이 행복의 조건과 열쇠에 관심이 있다면 살더만의 행복 건강에세이에 주의를 기울여야 한다. 건강한 사람은 행복의 조건을 이미 갖추고 있는 것이나 다름없다. 행복은 그저 얻어지는 것이 아니라 행복을 추구할 준비와 태도를 현실 속에서 꾸준하게 실행할 때 주어진다는 사실에 주목하자.

"감사하는 마음은 판에 박힌 일상을 축제의 날로 변화시킨다."
–윌리엄 아서 워드

행복은 지금 당신의 수중에 있는 것으로 만들어진다. 행복은 외부 의견에 의해서라기보다 어쩌면 우리 자신에게 달려 있다고 해도 과언이 아니다. 우리가 행복에 도달했을 때 행복은 사라질 수 있다. 행복을 잡으려고 애쓸 때 행복은 이내 도망을 간다. 행복은 즉흥적으로 만나게 되는 대상이다. 파도의 정점에서도 균형을 유지해야 하는 윈드서핑과 같다. 우리 모두는 확고부동한 확실성도 절대적인 진리도 없다는 점을 받아들여야 한다. 행복은 굳어지지도 저장되지도 않는다. 매순간 만들어지고 끊임없이 새로워지는 것이다. 행복이야말로 우리에게 활력을 주는 원동력이다.

행복의 잣대(기준)은 일상생활에서 느껴지는 만족도에 따라 결정된다. 행복은 욕심과 욕망을 내려놓을 때 비로소 느껴질 수 있는 감정이요, 기분이다.

이 책이 당신에게 행복테라피의 첫걸음이요, 첫단추가 되길 소망해 본다.

행복의 방정식과
행복보물지도 13가지

1) 한계 뛰어넘기

행복해지려면 칸막이를 하지 마라. 당신 안의 무수히 많은 것을 풀어주어야 한다. 모든 우리 사회는 행복이 아닌 것보다 '행복'이라고 칭하는 공간 위에서 만들어진다. 주말보다 평일, 휴가보다 일, 은퇴보다 직업적 생활이 더 우선한다. 셈을 해보면, 우리는 인생 중에서 최고 15%를 행복한 것을 하며 보내고, 나머지 시간은 행복이 일어날 때를 기다리며 보낸다. 따라서 기분이 좋은 날이 있을 것이고, 다른 날은 단지 행운의 순간이 찾아오길 기다리면서 그냥 흘려보낸다. 행복해지는 시간이 너무 적다. 이 한계를 뛰어넘자.

과거의 주말과 휴가를 생각해 보라. 당신에게 도움이 되었던 순간을 찾아보라. 활력소가 되도록 그 순간을 현재로 들어오게 하라. 예를 들어 보자. 만약 당신 피부에 닿는 햇빛의 따사로움, 수영할 때의 즐거움을 다시 경험하고 싶다면, 하루 중 그럴 수 있는 기회를 맛볼 수 있도록 노력하라. 학교 수업을 잠시 빼먹고 햇볕을 쬐면서 15분 정도 걷겠다고 결심하라. 집 근처 수영장을 찾아보고서 30분 수영하는 것을 스스로에게 허용하라.

근무가 끝나면, 마치 휴가 중에 있는 것처럼 친구들과 얼빠지듯 한잔 하는 시간을 가져라. 하루가 한창일 때 잠시 휴대폰을 끄고서 10분간 아무것도 하지 않겠다고 결심하라. 바로 꿈과 상상의 공간을 마련하기 위해서다. 반대로 휴가나 주말에는 긴 의자에 누워 아무것도 하지 않은 채로 머물 생각을 하지 마라. 새로운 활동에 빠져들어 뇌를 자극하라. 도파민이나 세로토닌 같은 행복 호르몬은 새로운 것들을 경험하고 그것에 전적으로 몰두할 때 분비된다. 주말과 휴가 때에는 많이 움직여라. 그렇게 해야 주말과 휴가를 더 강렬하게 보낼 수 있다. 그런 움직임은 삶을 축소하는 대신 삶의 영역을 넓히는 노력이다.

2) 은밀한 방식: 감사함

모든 것은 수도원에 들어가길 소망하는 예비 수도사들이 보낸 180통의 편지를 읽는 것으로 시작되었다. 과학자들이 이들의 편지를 분석한 것이다. 뒤이어 과학자들은 감사와 관련된 주요 낱말을 기준으로 삼고서 이 편지들을 두 그룹으로 분류했다. '감사'그룹 편지에는 "사랑한다"와 같은 긍정적인 말이 아주 많이 들어 있었다. 다른 그룹 편지에는 감사 표현이 별로 없었고 대신 희생 관념과 같은 부정적인 표현이 들어 있었다.

수도원은 자유가 없는 사회 집단이다. 일상생활과 먹거리 환경도 마찬가지다. 과학 연구를 하는 연구진에게는 최상의 매개 변수 집단이다. 의사 연구진이 수녀의 수명을 알아보았다. '감사' 그룹 수녀들은 다른 수녀들보다 평균 7년 더 살았다. 95세 이상의 수녀들이 '감사' 그룹에서 두 배 더 많았다. 이후 많은 연구가 비슷한 결론을 내놓았다. 연구 중 하나는 심장병 환자들을 대상으로 했는데, '감사 프로그램'을 수강한 환자들의 혈액에 변화가 있었다. 감염 상태가 훨씬 더 나아졌고 심혈관 부위 상태가 호전된 것이다.

이때 행복을 자아내는 은밀한 방식은 매일 감사의 말을 세 번 이상 하는 것이다. 삶에 대해서, 다른 사람에 대해서, 자기 자신에 대해서 말이다. '감사합니다.'라고 말하면 엄청나게 큰 위력이 발생하게 된다. 우리 존재를 행복하게 해주는 요소들에게 집중하게 한다. 기억력을 향상시켜 주고, 기쁜 마음으로 살게 해주며, 별것 아닌 긍정적인 것을 오랫동안 마음에 새기게 해준다. 이때 행복 호르몬인 도파민이 주위 사람들을 매혹시키는 향수 방울처럼 분비된다.

삶에 감사하게 되면 자신이 가지고 있는 것들에도 감사하게 된다. 감사하는 마음은 항상 많이 소비하게 만드는, 그 결과 불행해지게 만드는 사회에 매몰되지 않게 해준다. 감사하는 마음은 매일 그날 하루 중 행복했던 순간을 되새기게 해준다. 다른 사람에게 감사하면 따뜻하고 호의적인 관계가 형성된다. 당신에게 정성을 쏟는 사람에게 매일 감사하면 몸에서 긍정적인 에너지가 솟구친다. 자기 자신에게 고맙다고 말하는 것은 매일 존중하는 마음과 자신감을 일으켜 주는 비타민 칵테일을 마시는 것과 같다.

3) 날마다 새로운 날로 만들어라

매일 아침 새로운 날이 시작된다. 밤새 몸을 회복하고서 깨어난 당신은 새로워졌다. 마법의 순간이다. 이 순간을 적극 활용하라. 이 시간에는 약간 딴 짓을 하더라도 몸이 가뿐해지도록 하자. 그날 할 일을 너무 많이 정하지 말고 한계를 정하라. 그날의 발판이 되는 새로운 에너지를 이용하라. 오늘 하루를 지나간 날과 별반 다를 것이 없는 날로 삼지 마라. 선입견을 버려라. 당신만의 확신에서 벗어나라. 매번 하루를 다시 생명을 얻은 듯 시작하라. 아침마다 당신의 잠재력을 어떻게 표출할지 상상하라. 새로운 세상으로 들어가라. 가능성의 장을 열어라. 자기를 재발견하기 위해 힘을 키워라. 당신을 돕기 위해 나는 이 책으로 항상 당신 곁에 있을 것이다.

시원하게, 할 수 있다면 차가운 물로 샤워를 하고, 물이나 차 또는 설탕 넣지 않은 커피를 마셔서 몸에 수분을 공급하라. 활력이 생기도록 아침을 상징하는 것들을 찾아라. 향기, 맛, 빛도 좋다. 생기를 되찾고서 아침을 준비하라. 매일매일 새롭게 태어나면 언젠가 자기의 가장 좋은 면모를 드러낼 수 있을 것이다.

Tips

찬 물 효과와 효능

스트레스를 받았을 때, 차분함을 되찾고 긴장을 풀 수 있도록 쉽고도 간단한 행동을 소개하려고 한다. 아주 차가운 물을 양손에 담아 얼굴에 끼얹어라. 얼굴이 너무 차가워지지 않도록 30초 정도만 끼얹어라. 30초 동안 다섯 번 정도 끼얹으면 효과를 볼 수 있을 것이다. 머리에는 하지 마라. 이러한 행동은 심리적인 효과나 플라시보 효과를 노린 것이 아니다. 이 행동으로 인하여 뇌의 열 번째 신경을 부드럽게 자극하게 된다. 열 번째 신경을 자극하면 휴식과 긴장 완화 효과를 맛볼 수 있다. 또 심장 박동수가 줄어들고 비교적 소화도 잘 된다. 또 아주 쾌적한 느낌을 주는 세로토닌도 분비된다. 이렇게 찬물을 얼굴에 끼얹으면 행복 호르몬이 분비된다. 언제든 필요하면 이러한 묘약 같은 행동을 할 수 있다. 차가운 물로 샤워하기가 힘든 사람은 얼굴에만 샤워기를 갖다 대 물줄기를 맞으면 된다. 피부 미용뿐 아니라 마음 건강을 위한 훌륭한 방법이다.

피부 미용 측면에서 보자면, 찬물은 피부 모공을 수축시키고 혈액순환을 원활하게 해주며 눈 밑의 주름을 줄여준다. 호르몬 분비도 탁월해져서, 약간의 엔도르핀을 비롯해 행복 호르몬이 분비되게 해준다. 당신은 놀라운 에너지와 남다른 존재감을 가지고 하루를 시작할 수 있을 것이다.

얼굴에 찬물을 끼얹는 행동을 받아들이기 힘든 사람들에게는 축축한 천을 10분간 얼굴에 대는 방법을 권한다. 누워서 눈을 감고, 평온하게 호흡하면서 그렇게 하면 된다. 효과는 똑같다.

4) 자신만의 행복 정의를 내려라

마지못해 다른 사람들의 행복을 따라하면서 행복해지려고 하지 마라. 그 사람들이 당신에게 자기와 같은 행복을 누리라고 요구하지 않는다면 더 더욱 그렇다. 정성을 들여봤자 소용이 없을 것이고, 성과가 없어서 당신은 기진맥진할 것이다. 실패했다는 생각에 마음 아파할 것이다. 각자 사람들은 자기만의 행복이 있으니까 말이다.

만약 당신이 행복해지고 싶다면 자신만의 행복을 정의하는 법을 배워라. 이런 노력 없이는 행복에 다다를 수 없다. 의식하지 못하는 사이에 가족, 학교, 사회의 가치관이 슬며시 우리에게 메시지를 보낸다. 행복해지기 위해 우리는 자신에게 그다지 해당되지 않는 상당수 항목에 도 표시를 할 수밖에 없었다. 결혼, 아이 낳기, 멋진 집 장만하기, 사회에서 크게 가치를 부여하는 직업 갖기, 별장 소유하기 등 충분히 그럴 수 있는 항목들이다.

그런데 당신은 스스로에게 맞지 않는 이상을 추구하면서 인생을 보낼지도 모른다. 다른 사람들의 규정과 시선에서 벗어나는 것이 행복을 향한 첫걸음이다. 당신은 이미 행복의 정의가 무한하다는 것을 알아챌 것이다.

우울증에 걸린 사람은 비 오는 하늘을 바라보는 것이, 또 슬픈 음악을 듣는 것이 감미롭다고 생각할 수 있다. 이런 느낌 덕분에 우울증에 걸린 사람은 자신이 정의 내린 행복과, 자신을 행복하게 해주는 조화로움을 누릴 수 있다. 우울증에 걸리지 않은 사람들은 주위 사람들이 보기에 자기들이 행복한 것 같다고 여기기 때문에 행복하다고 말한다. 이들은 다른 사람들의 시선으로 존재하는 것이나 다름없다. 이들이 자신들의 가족이나 사회가 정의 내린 행복과 일치하려고 자신의 가치관에서 멀어지면 멀어질수록, 이들은 점점 더 진정한 자아에서 멀어져 간다. 마침내 이들은 행복한 척하면서 깊은 고독에 빠지고 말 것이다.

5) 열정을 드러내라

열정은 우리 존재의 가장 깊숙한 부분에 다다르고, 그 부분을 밖으로 표출하려는 의지의 표현이다. 내면을 일치시키기 위해 우리 삶을 칸막이하는 것을 그만두자. 열정은 우리가 하는 많은 행위에 깊은 의미를 부여하고, 우리를 다른 세상으로 이끌어준다. 우리는 날마다 새롭고 영원한 시공간의 영역으로 들어간다. 열정이 있어야 우리는 자아실현을 할 수 있다. 열정은 가장 완벽하고 강렬한 행복의 표현 양식이다.

행복과 열정 사이의 긴밀한 메커니즘을 이해하려면, 열정이 행복의 힘을 계속해서 키우는 원동력이라는 점을 알아차려야 한다. 열정은 타성, 습관, 슬픔을 막아준다. 열정은 길고 긴 휴가를 보내고 있을 때 느끼는 것과는 정반대의 것이다. 긴 휴가 때에는 너무 쉬어서 피곤하고, 진부한 생각이 쳇바퀴 돌 듯 떠오르며, 느끼거나 알려고 하는 생각이 들지 않을 정도로 일상의 자잘한 기쁨이 무미건조해진다.

그래서 연봉이 높은 사람들이 행복해 하지 않는 이유를 이해할 수 있다. 기교를 잔뜩 부린 물질적 만족감은 뇌리에서 금세 사라지고, 행복한 마음은 조금도 커지지 않는다. 행복의 근원은 우리 안에 있고, 열정은 행복에 이르기 위한 훌륭한 방식 중 하나다.

6) 지속적으로 움직여라

행복은 지속적으로 움직일 때 생겨난다. 가만히 있기만 하면 행복은 금방 사라진다. 모든 역설이 바로 여기에 있다. 잘 지내고 있을 때, 당신은 이 순간이 평생 지속되고 아무것도 바뀌지 않았으면 하고 바란다.

사회는 다음과 같은 것을 늘 요구하곤 한다. 결정적 도움을 받기 위해 관계유지하기, 일단 사랑을 정착시키기 위해 결혼하기, 매년 같은 즐거움을 누리기 위해 별장 소유하기, 안심하고 살기 위해 보험 계약하기 등등 말이다. 이런 요구들의 배경에는 기득권과 가족을 보호하기 위해서는 무엇이든 하라는 생각이 깔려 있다. 사회가 요구하는 삶과 사회에 대한 고정관념에서 벗어나자. 이 소중한 순간에도 우리는 매일 늙어가고 있고, 또 우리는 영원히 살 수 없다는 점을 망각하고 있다. 몸은 빨리 변화가 일어나고 있지만 정신은 서서히 진화한다. '안심'이라고 불리는 상황은 사실 아주 위험하다.

되풀이 말하지만 행복은 움직임, 변화, 열정, 창의성 속에 존재한다. 변화는 도파민 같은 행복 호르몬을 분비하게 해주고, 새로운 뇌 회로를 작동시켜 주며, 노화를 방지해 준다. 관계를 맺고 있는 커플을 보면 상반된 모습을 보게 된다. 매일 무거운 분위기 속에서 서로 쳐다보지도 않고 자제심을 잃은 채 무관심 속에 존재감을 잃어버린 커플들이 있다. 반면 어떤 커플은 서로 매일매일 삶을 활기차게 이어나갈 방법을 찾아내려고 한다.

행복해지려면 매일매일 새로워질 수 있어야 한다. 상상력은 행복의 원료를 제공해 준다. 상상력 없이는 행복도 존재하지 못한다. 움직이지 않는 사람은 죽은 사람이나 마찬가지다. 달리 말하면, 계속해서 움직이지 않고 살면 빠르게 죽음과 가까워진다. 몸과 정신 모두에게 해당하는 말이다. 활동하지 않고 방에 처박혀 살면 건강에 해롭다. 습관, 타성, 반복은 삶을 경직시키고 건강을 해친다. 움직이면서 위험을 제거하고 예방해야 건강에 좋다. 행복을 다른 사람들과 나눌 수도 있는데, 나 같은 경우 지나칠 정도다. 예를 들어 사람들과의 관계를 소중하게 여겨 일상의 기쁨으로 치환하라.

7) 대담하게 생각하고 말하라

내면이 성숙해지려면 두 단계를 꼭 거쳐야 한다. 당신에게 가치 있다고 믿는 것을 마음껏 생각해 보는 것이다. 그렇게 생각하다 보면 어린 시절과 청소년 시절 때 가졌던 꿈, 너무 빨리 가슴속에 지워버린 꿈과 다시 만나게 된다. 그 당시에는 그 꿈을 받아들이고 키워가기에는 아직 성숙하지 못했다. 우리는 너무 자주 투쟁하기도 전에 포기하곤 한다. 시간이 흘러가면서 우리는 분명 특별했을 부분들을 잊어버리고 만다.

만약 그 잊어버린 보물들을 다시 떠올려보면, 대담하게 생각하고 실행하기는 어렵지만 꼭 필요한 일이다. 우리를 둘러싼 사람들에 대해 생각하는 것을 자기 자신에게 겁내지 말고 솔직하게 말하기, 지금 해야 하는 일이 실제로 나에게 도움이 되는지 자문하기, 우리를 기쁘게 해준다고 여기는 것이 진정으로 우리를 기쁘게 해주는 것인지 알아보기 등등이다. 인생은 짧기 때문에 거짓된 행복으로 시간을 낭비할 수는 없다. 진정으로 나를 기쁘게 해주는 것을 발견하는 작업이 꼭 필요하다. 물론 이곳저곳 함정이 숨겨져 있다. 등산가처럼 한걸음 한걸음씩 계속해서 산을 걸어 올라가야 한다. 자신의 욕구를 찾는 것부터 시작하자. 그런 노력이 있으면 일상을 즐겁게 살아갈 수 있다.

이러한 작업을 완수하기 위해 이따금 작은 훈련을 시도해야 한다. 필요한 것과 갈망(희망)을 구분하는 선을 그리는 것이다. 즉 필요한 것이나 갈망이 어느 정도인지 확인하기 위해 마음속에 숨겨둔 모든 것을 비밀 수첩에 기록하자. 기록하고 나면 앞으로 내면의 행복에 꼭 필요한 과정을 결정할 수 있다. 내적 자아의 핵심, 본질, 기반을 이루는 것을 읽고 또 읽는 것은 재미있는 과정이 아닐 수 없다.

만약 당신이 복권에 당첨되었다면?

평생 동안 일해서 벌게 될 돈을 내일 한꺼번에 받는다고 상상해 보자. 더 이상 일할 필요성을 느끼지 못할 것이다. 당신은 앞으로 무엇을 할 것인가? 계속 예전처럼 살아갈까? 아니면 완전히 다른 사람이 될까? 솔직하게 이런 상상을 해보면, 그늘 속에 가려져 있지만 살아 움직이고 싶어 하는 당신의 개성이 드러날 것이다. 이렇게 당신은 깊은 열망으로 인하여 작동하게 되는 사적 공간을 만들게 될 것이다. 이제 당신은 받기만 하는 것이 아니라, 다른 사람들에게 활력을 부여하는 존재로 남아있게 될 것이다. 당신의 욕망이 점점 더 실현되어 가면서 생긴 긍정적인 감정들이 당신을 새로 태어나게 할 것이다.

다른 사람에게 대담하게 말하는 것이 그 다음 단계다. 난관을 극복하고서 가족이나 직장 동료에게, 친구나 주위 사람에게 당신의 생각을 표현하기로 마음먹는 단계다. 진짜 당신이 생각한 것을 말하는 것이고, 다른 사람들과의 진정한 관계를 경험하는 것이며, 더 이상 겉치레에 얽매이지 않고 현존하기 시작하는 단계다. 자유롭게 자신을 표현해야 건강에도 도움이 된다.

Tips

자신만의 신호 해독하기

평상시 우리가 무심코 내뱉는 말을 해석하다 보면, 후일 자신이 진짜 원하는 것이 무엇인지를 찾아낼 수 있을 것이다. 몇 가지 예를 들어보자. "나는 시간이 없어."라는 말은 "난 그걸 하고 싶지 않아. 그런데 말을 꺼낼 수가 없어. 나 자신에게도 말이야."를 뜻한다. 매일 운동하라고 권할 때 내가 자주 듣는 말이다. 혹은 "나는 건강하거든."이라는 답변일 수도 있다. "너는 우리와 저녁 먹으러 갈 수 없지?"는 "나는 오늘 저녁 너와 같이 있고 싶지 않아."를 뜻한다.

즉 당신이 질문할 때 부정적인 뉘앙스를 풍긴다면, 그것은 당신이 원하지 않는다는 뜻이다. 솔직하게 속마음을 말하려는 노력을 하라. 좀 자유로워지고 행복해질 것이다.

8) 첫째로 믿어야 할 대상은 바로 당신이다

착수하고자 하는 일을 성공리에 해낼 수 있다고 확신하면 누구도 막을 수 없는 자신감이 잠재적으로 드러나게 된다. 자신감을 가지면 모든 것이 달라진다. 자신감이 있어야 재능을 발휘할 수 있고 성숙해질 수 있다. 성공하려면, 바라는 것을 실현하려는 의지가 필요하다. 만약 당신과 맞지 않는 의무감으로 주위 사람들을 기쁘게 한다면, 당신은 곧 곤경에 처할 것이다.

어느 누구도 당신의 개인적인 목적을 대신 결정하게 하지 마라. 그러다 내면이 갈등에 휩싸이게 되면 병에 걸릴 수 있는데, 그 병은 내면의 고통을 표현하지 못해 겉으로 드러난 결과라 하겠다.

사회는 능력과 재능이 있는 사람들을 금방 둘러싼다. 이들은 사회에 쓸모 있는 일원이 되고, 이들이 일을 잘하면 칭찬을 해주어서 안주하게 만든다. 예를 들어 여러 재능을 지니고 있는데도 불구하고 그 재능을 다 드러내지 않고 일생을 보내는 사람들이 많다. 자신을 믿으면 자신의 능력을 확인할 수 있다. 덕분에 그 능력을 발휘할 수 있고, 똑같은 말들을 되풀이하며 세월을 보내지 않을 것이다. 비록 대중이 박수갈채를 보내고 앙코르를 요구한다고 하더라도 말이다. 반복은 창의성을 죽인다.

9) 있는 그대로의 자신을 받아들이기

있는 그대로 자신을 받아들이고 사랑해야 한다는 것을 당신은 알고 있다. 자신에게 좋은 것을 결정할 수 있는 능력이 있다. 좋은 취향, 나쁜 취향이라는 것은 존재하지 않는다. 각자 자기의 능력을 가지고 있으므로 절대로 다른 사람의 것에 의존해서는 안 된다. 음악, 미술, 영화, 요리 분야에 있는 사람들은 자기 마음에 드는 것을 너무도 잘 알고 있다. 어떠한 일이 있더라도 집단적 유사성(일종의 동질성)을 찾으려고 해서는 안 된다. 집단적 유사성이 있으면 우리는 좋아한 적도 없는데 박수갈채를 보내야 하고, 집단적 동의라는 이름으로 다른 것보다는 이러한 제품을 선택하라고 강요받게 된다.

체취

사람 몸에서 나는 냄새, 즉 체취는 훌륭한 연구 대상이다. 많은 과학 연구를 통해 사람 몸에서 자연스럽게 발산하는 냄새가 성적 유혹의 신호라는 사실이 밝혀졌다. 또한 실험을 하였을 때, 여성은 자신과는 가장 거리가 먼 유전자에서 비롯된 땀을 배출하는 남성에게 더 끌린다는 사실까지 밝혀냈다.

웬만한 커플은 서로 유전적 차이가 있어 건강한 아이를 갖게 될 가능성이 높다. 프랑스 왕정 시대처럼 근친간의 결혼을 하는 사람들에게는 유전적 질병의 출현 위험성이 두드러진다.

체취가 유혹의 수단일 수 있다는 점을 기억하고서, 파트너의 체취를 받아들이도록 하자. 한 파트너가 상대 파트너에게서 나는 체취가 불쾌하다고 여길 수 있지만, 그 체취로 강한 성적 충동이 생긴다면 거부감을 느끼지 않게 된다.

화학제품으로 체취를 없애기에 앞서 향기로운 자신의 재산에 더 놓은 가치를 부여하도록 하자. 바로 자신의 것이고 자신의 정체성을 나타내는 체취 말이다. 지나치지 않을 정도로 자신의 후각 영역을 넓혀 나가면 어떨까? 가장 이상적인 향수는 체취를 없애는 것이 아니라 재창조하는 것이다.

10) 마음껏 생각하기

불을 끄고 잠자리에 드는 순간은 깨어 있음과 잠 사이의 연결 지점이고, 〈잡기-내려놓기〉가 이루어지는 소중한 순간이다. 진실을 고백하게 하는 마법이 일어나는 시간이다. 아직 잠자기 전이나 완전히 깨어 있을 때 사람들은 서로 진실을 주고받는다. 그러나 잠자리에 드는 순간에는 다른 사람이 아니라 자신에게만 진실을 고백하게 된다.

둘이 있을 때에는 서로 "잘 자."라고 말하고 잠들지만, 다음 날 아침까지 둘 사이의 접촉은 중단된다. 잠들기 시작하는 이 순간은 자기만의 것이고, 아무도 자신을 건드리지 못하는 소중한 시간이다.

자세

침대에 누워 어머니 배 속에서 태아가 취하는 자세를 재현해 보자. 옆으로 누운 다음, 양 넓적다리를 배 쪽으로 바짝 붙이고 몸을 둥글게 웅크린다. 한 발을 다른 발 발등 위에 놓는다. 눈을 감는다. 양손을 포개고서 배 위쪽에 가만히 갖다 댄다.

방법

지난날을 회상하면서 가장 좋았던 때를 찾아보자. 다시 찾아왔으면 하는 날들 말이다. 또 금지된 것들과, "나는 성인이야."라고 믿었기 때문에 하지 못했던 것들을 마음껏 상상해 보자. 이왕이면 완전히 몰입하면서. 예를 들면, 아는 사람이든 모르는 사람이든 껴안아 주기, 너무도 지긋지긋했던 점심식사 도중에 박차고 나가기, 싫어했던 누군가를 향해 침을 가득 모아 내뱉기 등등. 이런저런 공상이 마음속에서 마음껏 튀어나오게 내버려둔다. 머릿속으로 생각하는 것이므로 당신을 비난할 사람은 없다. 어떤 죄의식도 가지지 마라! 다른 사람들에게 절대로 하지 못했던 것을 생각한다는 것이 중요하다. 이따금 우리는 경직될 때가 있어 어떤 사항에 대해서 사실대로 말을 주고받지 못한다.

해야 할 말을 하는 데에도 용기가 필요하다. 만약 대담하게 말할 수 있는(윗부분 참고) 내면의 자유 공간을 만들지 못하면, 당신은 불만거리를 만들어낼 것이고 병에 걸릴 수도 있다. 어린 시절 내보였던 엉뚱함과 뻔뻔스러움을 되살아나게 해야 한다. 지난날을 회상하다가 성적 쾌감이 든다 하더라도 안 될 게 무엇인가! 어떤 터부도 괘념치 마라. 세월이 지나감에 따라, 오랜 세월 마음속에서 꼼짝 못하고 억눌려 있던 작은 꽃들이 아주 서서히 피어날 것이다. 당신이 매일 저녁 침대에서 전부 자신의 모습이었던 아기, 어린아이, 청소년, 성인이 다 모여 이야기 나누도록 은밀한 만남을 주선한다면, 당신은 인생에 일관성과 새로운 감각을 들여놓게 될 것이다. 분열과 반대는 끝났다. 자신은 당신의 본래 모습과 더불어 완벽한 조화를 이룰 것이고, 당신에게 진정으로 중요한 것과 매일 조금씩 당신을 피멍 들게 했던 것을 발견하게 될 것이다. 그렇게 당신의 무게 중심을 되찾게 될 것이다.

다음날 아침, 전날 마음껏 떠올렸던 금지된 상상을 머릿속으로 되살려 보자. 하루 내내 경쾌하고 위트 있게 지낼 수 있을 것이다.

자기 외모에 관심 쏟기

외모 또는 외모 가꾸기는 위선적이지 않으며 필수적인 것이다. 외모는 피상적이거나 헛되거나 무의미하지 않으며, 오히려 외부 세계를 향해 자신의 속 깊은 면모를 나타낸다. 아침에 깨어났을 때의 당신 모습 그대로를 사람들에게 하루 종일 보여주겠다고 상상해 보라. 머리는 터부룩하고, 양치질은 안 했으며, 거울은 들여다보지도 않고 잠옷 차림으로 아침을 보내고 있다. 이런 외모는 자신과 다른 사람들에게 어떤 메시지를 보낸다. 당신이야 몸단장하지 않은 자연스러운 모습을 보여준다고 생각하겠지만 유별난 당신을 알리는 꼴이 된다. 어떤 노력도 하지 않고 될 대로 되라는 식이다. 이런 행동은 나쁜 이미지를 전달하고, 다른 사람의 시선을 무시하는 것이며, 더 이상 사랑받지 않겠다는 몸짓이어서 위험하다.

자신의 외모, 옷 입는 방식, 말투, 몸짓, 시선을 다듬는 노력은 예술가의 작업과 비슷하다. 우리는 부차적인 것들을 빛이 나게 하고, 몸동작을 훈련하며, 표정 관리를 해야 한다. 이런 접근으로 우리는 아름다움과 영원을 지향한다. 바로 예술 작품의 목적이다. 될 대로 되라는 식의 모습은 다른 사람들과 자기 자신을 맥 빠지게 한다. 자신에게 정성을 들이는 문화는 지적으로 자기를 초월하려는 의지를 전제로 한다. 경박함과 정반대다.

일단 거리에 나가면 사람들은 자신의 외모로 다른 사람들과 접촉한다. 서로 서로 신호를 보내는 것이다. 많은 사람이 유행을 따르고, 자세를 비롯해 유행이 권하는 옷 입는 법을 답습한다. 유행이 독자성과 자유로움을 보여줄 거라 생각하면서 이따금 악취미라고 할 만한 방식까지 따르는데, 이렇게 사람들은 은근히 자신의 순응적인 태도와 소외감을 드러낸다.

창의성은 힘들여 산을 오르는 것과 같다. 성공하려면 당신은 뭔가 다르다는 점을 보여주어야 하고 당신 자신을 믿어야 하며, 세상 모든 사람들처럼 똑같이 하면서 환심을 사려고 애써서는 안 되고, 있는 그대로의 자신의 모습에 자부심을 가져야 한다. 자신의 외모를 예술적으로 접근하면, 더 잘 살아가고 매일 나은 모습을 만들면서 점점 더 멀리 나아가게 된다.

11) 내면의 휴가주기

내가 제안하는 프로그램은 매일매일의 생활 속에 휴가를 틈틈이 집어넣는 작업이다. 해법은 이렇다. 매일매일 내면의 휴가를 떠나기, 자기 자신을 리셋하기 위해 자기 자신과 분리되는 법 찾기가 그것이다.

Tips

상상속의 추억여행 떠나기

10분간만 덩그러니 혼자 있자. 눈을 감고 최근에 주말이나 휴가 때 놀다온 시골을 떠올리자. 머릿속으로 마치 당신이 시골에 가는 것처럼 행동하자. 벌써부터 당신은 짐을 싸고 자동차로 운전하고 있다. 시골 집 냄새, 재래시장에서 장보기, 축축한 침대 등등 시골에서의 아주 세세한 느낌들을 되살려 보자. 잊어버린 아주 세세한 것들도 떠올리자. 당신이 정말 좋아했던 것들, 시시하거나 싫증났던 것들, 굳이 할 필요가 없었던 것들도 떠올려보자.

이제 집으로 돌아갈 때 느꼈던 행복한 감정에 집중하자. 당신은 무사히 집에 도착했다. 우편물이 쌓여 있다. 이제 일상으로 다시 돌아왔다. 당신은 여러 느낌을 재현해 보았고, 분명 도움이 되었을 것이다. 이제 태연하게 어떤 이미지를 주는 바닷가 사진 한 장을 3초간 쳐다보는 일만 남았다.
다음날과 그 다음날에도 다시 시도해보자. 갈수록 시간이 덜 걸릴 것이다. 빠르게 시골 모습을 떠올릴 수 있을 것이다. 사실 더 빨라지기는 하겠지만 강도는 약해져 갈 것이다. 이미 마음껏 그때 느낌을 다시 경험했으므로. 여러 날을 반복하면 싫증날 것이다. 충분히 경험했다면 이제 다른 경험담을 찾아보자. 불쑥 생각이 날 것이다. 행복했던 휴가 때를 상상하며 집중해보자. 향내나 음식 맛의 기억이 도움이 될 것이다. 휴가철에 여름을 보냈던 곳을 떠올리고 눈을 감고서 그때로 빠져들어 가자.

12) 즐거움 재부팅하기

좋아서 같은 노래를 100번 이상 듣기, 속속들이 내용을 알고 있는 영화 다시보기, 음식 맛이 좋은 식당의 단골손님 되기 등등 다양하다. 물론 즐거운 일도 반복하면 느낌이 덜해진다. 그러나 때때로 어떤 충동이 생겨 같은 일을 반복할 때가 있다.

뜻밖에 일어나는 일은 제외하고 여지없이 일어날 어떤 일은 안심하고 기다릴 수 있다. 반복의 매력은 향수에 젖을 수 있다는 것이다. 반복은 어제가 오늘이 되는 〈시간-공간〉을 맺어주는 방식이다.

비록 행복이 움직임과 새로움에 있다고 하더라도 당신을 기쁨 속에 머물게 해줄, 일상의 기분 좋은 순간들이 반복되는 것을 회피한다거나 기피하지는 말자.

13) 집안에서의 안락함 누리기

자신의 집에 별다른 탈 없이 머문다는 것은 자기 자신과 좋은 관계를 맺고 있다는 뜻이다. 50년 전부터 집에 대한 개념이 달라졌다. 여러 세기 동안 사람들은 자기 마을과 고장에서 정착해 살았다. 그것은 문제제기할 것도 없는 당연한 일이었다. 항공 교통이 상황을 바꿔 놓았다. 많은 사람들이 여행하고 직장을 구하고 러브 스토리를 만들기 위해서 사방팔방으로 돌아다닌다. 수차례 이사하는 사람들도 많다. 언어도, 문화도, 상황도 모른 채 타국에서 성장한 사람들도 많다. 이렇게 옮겨 다니는 사람들은 자신의 무게중심과 자신을 표현할 수 있는 곳, 자신들의 근원을 어떻게 찾을 수 있을까?

집안에서 진짜 장벽이 되는 것은 당신이 사랑하는 사람을 비롯한 당신 주위 사람들이다. 시멘트벽이 아니다. 집은 늘 같은 의미를 지니지 않는다. 집은 삶과 생각을 공유하는 존재들과 함께 자기 자신이 되는 곳이다. 군중 속에서나 결혼한 상태에서도 외로움을 느낄 수 있다. 과학 연구에 따르면, 긍정적인 환경에서 사는 사람이 더욱 건강하고 오래 산다고 한다.

당신이 알고 있는 친구들, 당신을 따라다니는 친구들, 당신이 만나는 친구들이 새로운 집의 일원들이다. 숙소를 옮기라는 말이 아니다. 당신이 새로운 고장, 새로운 친구, 새로운 외국어를 접할 때, 이런 상황에 적응할 수 있도록 우리 뇌는 아주 빠르게 뉴런을 만들어낸다. 뇌의 노화가 억제되어 뇌가 젊어진다. 집안에만 머물거나 타성에 젖어 뇌를 퇴보시키는 것과는 정반대다.

긴장을 잘 풀어주는 어항 효과

과학자들은 집안에 어항을 설치하면 긴장 완화 효과가 있음을 증명해 냈다. 어항을 설치하고 전기를 연결하면 소리가 나고 빛을 발한다. 그저 어항과 물고기들을 바라보기만 해도 긴장이 풀리고 스트레스가 해소된다.

미국 플리머스 대학교의 과학자들도 어항이 혈압과 심장 박동에 끼치는 영향을 밝혀냈다. 즉 물고기를 관찰하면 기분이 좋아진다는 사실을 확인한 것이다. 과학자들은 어항 속에 물고기가 많을수록 사람들이 더 오래 어항 앞에 머문다는 점에 주목했다. 이런 긍정적인 효과를 맛보기에 적절한 시간은 겨우 10분이다. 약을 먹지 않고도 스트레스를 줄일 수 있는 훌륭한 수단이다.

행복의 장애물 극복하기

1) 두려움에서 해방하기

현대 사회는 언제나 불안감과 두려움 같은 것들에 휩싸여 쳇바퀴처럼 돌아가고 있다. 실직, 가난, 질병, 외로움과 고립, 은퇴 후의 무료함, 전염병, 외국 거주, 불안 등등이 해당된다. 많은 사람들이 신상품, 서비스, 계약, 정치적 계획을 제시할 때 다시 위와 같은 두려움을 느낀다. 불안감과 두려움이 빠르게 뿌리내리고 있다.

사람들 각자에게 다 해당되는 것이기 때문에 사람들은 죽음에 대한 두려움도 있다. 인류가 시작된 이후로 1,070억 명의 사람들이 죽었고 그 중에 쟝 칼망이라는 사람이 122세로 최고령을 기록했다. 122세 이상으로 산 사람은 없는 것이다. 죽음 이후에 어떤 일이 일어나는지에 대한 견해에 인류 전체가 동의한 적은 없다. 각 종교가 나름의 해석을 하지만 제각각이다. 각각의 사람들도 진실을 알고 있다고 생각하지만,

그것은 그 사람만의 진실일 뿐이다. 모두에게 평생 지속되는 이 기념비적인 미지, 즉 죽음에 대해서 사람들은 상반된 반응을 보인다. 남성과 여성 모두 이 땅에 잠시 머물지만 마치 영원히 머물 것처럼 행동한다. 즉 소유욕은 그칠 줄 모르고, 언제 죽을지 모르는데 온갖 계약을 해대며, 자신에게 은퇴 같은 것은 없는 것처럼 일한다.

이런 식으로 언제 닥칠지 모를 죽음을 앞두고 보상 심리가 발휘되지만 활력, 활동, 생활은 움츠러든다. 이동성, 활동, 위험 감수가 행복의 필수적인 연료인데도 말이다.

두려움은 쉽게 전파된다. 다른 사람의 시선에서 두려움을 감지하면 자신도 불안해진다. 불안은 한 사람에게서 다른 사람으로 전달되고, 각 개인의 가장 약한 부분을 건드린다. 알지도 못하는 사이에 사람들은 빠르게 두려움의 전달자가 되고, 덕분에 불안정한 상태가 확산된다. 부정적인 말과 판단을 반복한 나머지, 사람들은 어느덧 점점 파괴력이 커지는 부정적인 에너지의 원인 제공자가 되어버린다.

행복해지려면 삶을 갉아먹는 자신의 두려움, 불안, 걱정거리에서 자유로워질 줄 알아야 한다. 가장 커다란 위험은 불안이 아니라 불안에서 비롯된 일상의 두려움이다. 두려움은 날카로운 생각들이 머릿속에서 맴돌게 만든다. 바꿀 수 없는 상황을 받아들이고 차분하게 살아가는 법을 배워야 한다. 날이 갈수록 파탄에 빠지는 것을 피하려면, 거리감을 두는 것이 대단히 중요하다. 해결할 수 없는 상황을 해결하고 싶어 안달이 나면 에너지가 빠르게 소진되고 결국 불행해지고 만다. 자신의 한계를 받아들여야 행복해진다. 우리를 참을 수 없게 만드는 것을 변화시켜야 하는데 우리가 할 수 있는 일이 아무것도 없을 때, 그래도 기분이 나아지게 할 수 있는 유일한 비결은 이미 일어난 것에 대한 우리의 인식을 바꾸고, 어떠한 희생을 치르더라도 우리를 괴롭히는 부정적인 생각들에서 벗어나는 것이다. 자신의 장점을 재정비하면 숨쉴 수 있는 공간, 무사태평, 자유를 되찾을 수 있고, 다르게 대응하는 방법을 상상할 수 있게 된다.

2) 사회 변화를 받아들이기

우리가 사는 세계를 생각해 보자. 수많은 나라를 자유롭게 여행할 수 있는 우리 시대가 정말로 놀랍다. 놀고 즐기고 운동할 공간도 엄청나다. 지식을 얻고 지식의 도움을 받을 수 있으며 새로운 일을 창안해 낼 수 있다면, 새로운 발견을 향한 모험을 시작할 수 있고 새로운 만족과 행복을 누릴 수 있다. 불평불만을 털어놓고 훌쩍이는 대신에 말이다. 경제 사정이 복잡하고 소득이 형편없을 때, 바로 그때 하고 싶은 일들의 목록을 서둘러 작성해 보자. 새로운 세상을 향해 떠나고 있는 자신을 재창조하라. 현대 세계의 발전에 맞춘 생동감 있는 활동은 고무적이다. 우리는 위기에 처해 있는 것이 아니다. 어릴 때의 사춘기처럼 정상적이고 생리적이며 이로운 발전 중이다. 우리는 한 세계에서 되돌아올 수 없는 다른 세계로 옮겨가고 있는 중이다. 과거를 놓아주어라. 과거는 다시 오지 않는다.

우리는 소유 사회에서 이용 사회로 옮겨가고 있다. 중요한 것은 우리가 소유하고 있는 것이 아니라 우리가 누리가 살아가고 있다는 점이다. 공유, 교환, 이동성은 사회망의 키워드가 되었다. 정말 필요한 것은 집을 소유하는 것이 아니라, 꿈의 순간을 보내고 살아 있는 기쁨의 새로운 원천을 끊임없이 찾아가는 것이다. 에어비앤비(2008년에 시작된 세계 최대

숙박 공유 서비스)는 아주 싼 값에 숙소를 추천해 주고, VTC(프랑스에서 볼 수 있는 택시와 차별화된, 운전기사가 동행하는 관광용 차량) 시스템을 이용하면 아무런 제약 없이 자동차를 이용할 수 있으며, 벨리브(파리의 공공 자전거 대여 제도) 자전거와 전기 자동차를 셀프서비스로 이용할 수 있다. 세계는 장벽이 없어졌고 활짝 열려 있으며, 새로운 힘이 작용해 새로운 공간들을 드러내고 있다.

50년도 안 되어 우리는 적응할 틈도 없이 현실 세계에서 가상 세계로 넘어가고 있다. 매일 우리는 시리즈물을 보여주는 텔레비전, 영화, 비디오 게임을 통해 여러 시간을 가상 세계에서 생활하고 있다. 우리는 출연진 및 등장인물과 자신을 동일시한다. 특히 연속극을 보며 매일, 주말마다 평범하지 않은 출연진의 삶을 공유한다. 일상과 현실을 돌아오면 모든 것이 침울해 보인다. 가상 세계로 돌아가고 싶은 욕구만 있을 뿐이다. 이때 여러 보상심리 현상에 빠져든다. 지나친 음식 섭취, 담배, 술, 마약 등등이 조금의 위안을 줄 뿐이다.

실제 삶은 자신과 자신이 아닌 것을 혼동하는 가상 세계에 비해서 개성 없어 보인다. 나는 영화나 연속극을 지나치게 보면 건강에 심각한 해가 되고, 당신 주위에 있는 존재들과 어울려 즐기지 못하게 되며, 일을 비롯해 당신이 열정을 발휘할 것들도 방해 받는다고까지 말하고 싶다. 연속극을 가끔은 빼먹겠다고, 제한된 시간이지만 당신으로 하여금 다른 현실 세계로 피해 들어가도록 부추기는 영화들을 보지 않겠다고 결심하라. 다른 현실 세계보다 지금 당신의 삶을 선택하라.

우리가 행복할 능력은 다듬어지는 것이지 타고난 것이 아니다. 깊은 어둠 속에서 한줄기 빛을, 새로운 세계에서 긍정적인 측면을 찾아야 한다. 사라져버리는 세계의 흔적을 붙잡고 신음하는 대신에, 우리 사회가 새롭게 태어나도록 당신의 열정을 나누는 중계자가 되라. 살아 있음의 기쁨은 쉽게 전파된다. 이러한 기쁨이 당신 자신과 다른 사람들을 이롭게 해줄 것이고, 당신이 나눈 열정이 100배가 되어 당신에게 되돌아올 것이다. 혹시 주위에 외상성 신경증(재해를 당한 뒤에 생기는 비정상적인 심리적 반응)이 만연한 곳이 있다면, 그곳에 긍정적인 에너지를 불어넣어 평안한 분위기를 만들어주라.

새로 생긴 활력을 가지고, 상대와 이야기를 나누고 긍정적인 시선으로 바라보며 삶에 대한 확신을 나누고 미소, 웃음, 대담성을 보여주어라. 지금 현실 세계는 그 어느 시대보다도 우리에게 더 많은 가능성을 제공하고 있다. 물론 어떤 사람들에게는 새롭게 자유를 실습해 나가는 것이 겁이 나고 행복을 빼앗기는 것 같을 것이다. 인류는 수많은 전쟁과 혁명을 거치고서 성장해 왔다.

이번에는 정상 가동 중인 새로운 형태의 변화다. 변화하고 새로운 삶의 방식에 적응하는 법을 배워야 한다. 몸과 마음에 이로움을 주는 방식이다. 이러한 방식에서는 경직되어 있어 변하지 않으려는 고집이 가장 위험하다. 우리는 움직이고 변화하고 적응하며 살도록 만들어졌다. 드디어 우리는 우리만의 활동 영역에 올라섰다. 지금은 또 다른 가치들이 기초를 이루는, 인류의 새로운 책을 써나가야 할 때다. 우리는 역사의 시작점에 서 있는 행운을 누리고 있다.

행복해지기 위해 자신이 진정으로 원하는 것을 알아내는 것부터 시작하자. 자기만의 고유한 가치관과 자신에게 의미 있는 것을 인식하면서 말이다. 이 단계를 거치지 않으면 우리는 내면의 허무함을 느끼게 된다. 우연한 만남, 나를 좌지우지하는 미지의 것, 광고 문구, 사회 규범, 속임수로 가득 차 버린 내면의 허무함인데, 이제 더 이상 자신을 만족시키지 못하고 자신만의 삶에서 자신을 알아보지 못하게 되어버린다. 이러한 허무함이 원인이 되어서 불가피하게 끊임없이 불안이 이어진다. 자신의 깊은 열망을 깨닫지 못했기 때문이다.

*외상 후 스트레스 장애 : 생명을 위협할 정도의 극심한 스트레스(정신적 외상)를 경험하고 나서 발생하는 심리적 반응을 일컫는 용어이다.

3) 스스로 병에 걸릴 수 있을까?

바로 미국 과학자들이 제기한 문제다. 정신력이 있으면 수많은 질병에서 스스로를 보호할 수 있지만, 반대로 여러 부정적인 생각을 하면 병에 걸릴 수 있다.

자주 이런 말을 들어보았을 것이다. "저 사람 분명 병에 걸릴 거야." 실제로 그럴 것인가, 아니면 상상일 뿐인가? 병을 무서워한 까닭에 아예 병을 만들 수 있는 것인가? 건강과 관련해 우리가 취하는 태도에 따라, 외부 공격에 직면했을 때 이미 면역 체계가 취약해져 있거나 아니면 강한 저항을 할 것인가의 문제가 결정된다.

미국 과학자들은 360명의 대상자들에게 먼저 자신의 건강 상태가 최상인지, 보통인지, 안 좋은지 그 느낌을 물어보았다. 그 다음에 대상자들을 감기 바이러스에 노출시켰다. 그 결과, 자신의 건강이 보통이거나 안 좋다고 믿는 대상자들보다 자신의 건강이 최상이라고 생각하는 대상자들이 감기 바이러스에 훨씬 덜 영향을 받았다.

정신력은 건강 수호자 역할을 하면서 면역체계 반응의 질에 관여한다. 자신이 건강하다고 느끼면 건강을 유지하기 위해 무엇이든 하게 된다. 영양가 있는 음식을 먹고 신체 운동을 하며 금연도 한다. 이러한 모든 것들이 더욱 튼튼한 방어력을 키운다.

포옹을 많이 하는 커플들이 그렇지 않은 커플보다 심혈관 부위가 더 건강하다는 여러 연구 결과가 나와 있다. 스트레스를 받아도 심장이 덜 흥분해서 낮은 심장 박동수를 나타냈다.

병에 걸리는 경향은 여러 형태로 나타날 수 있다. 자기 파괴력은 영향력이 크고 반복적으로 작용한다. 의식적으로 의지박약을 자책하고 자신의 무력함을 증오하며 자기혐오에 빠지는 사람들이 있다. 그 결과 자존감과 자신감을 상실하고, 모든 것을 포기하고 싶은 충동이 커진다.

자기 몸을 존중하지 않을 때 병에 걸리기 쉽다. 자기 몸에 대해 나쁜 이미지를 가지고 있으면 자기의 몸에 영향을 준다. 자기 몸을 존중하고 최고의 것을 부여할 줄 알아야 한다. 해로운 음식을 먹고 흡연을 하거나 과음하면 자기 몸을 무시하는 것이다. 병은 그런 행위에 대해 몸이 답을 한 결과다. 병은 자주 학대 받고 보살핌을 받지 못한 몸의 항변이다. 품질이 안 좋은 연료를 사용하고 점검도 받지 않는 자동차를 생각해 보라. 자동차는 고장이 날 수밖에 없다.

*건강 염려증: 현대인들이 많이 겪고 있는 질병인데 자신에게 심각한 신체적 질병이 발생했다고 믿고 이에 집착하거나 불안해하는 심리적 장애를 일컫는 용어이다.

치료용 문신

나는 2016년 미얀마를 여행했을 때 만난, 20년 이상 만성 요통으로 고생하던 여성 환자를 잊지 못한다. 멈출 줄 모르는 은밀한 고통 때문에 환자의 삶은 망가져 있었다. 그 여성의 참된 삶의 길을 인도하는 불교 승려 치료사들을 만났는데, 치료사들이 그녀의 요통을 완전히 없애주었다. 그들은 1000년 이상 된 기법, 즉 치료용 문신 기법을 사용했다. 그들은 통증 부위에 특수한 물감으로 문신을 새겼다. 그녀가 나에게 문신을 보여주었다. 난해한 예술 작품을 접하는 듯했다. 나는 이 비합리적인 상황을 이해하기 위해 합리적인 해석을 찾으려 했다.

내가 만난 미얀마 사람들은 차분하고 자연스러우며 편안하고 친절했다. 이 나라에서 자연은 강한 영성을 지녔고 인간, 사원, 자연이 친근하고 관능적인 관계를 맺고 있는 듯했다. 바간이라는 지역에는 1,000개 이상의 탑이 흩어져 있는 야생식물 공간이 있다. 바간과 같은 지역들에서는 사람들을 깊게 감동시키는 비범한 정신력이 명료하게 드러난다. 가만히 있으면 자연 에너지가 당신을 진정시키고 긴장을 풀어주며 몸을 재생시켜 준다.

우리가 사는 사회 속에서는 정신적인 긴장 상태, 근육이나 뼈의 긴장 상태를 유지할 수도 풀어버릴 수도 있다. 내가 미얀마를 두루 돌아다니면서 첫 번째로 배운 것은 건강 한가운데에 미치는 파급효과였다. 내가 머물렀던 미얀마라는 세계는 그 자체로 치유하는 세계였다.

문신을 새기기 위해 승려들은 잘린 갈대 줄기와 약용식물로 만든 천연 물감을 사용했다. 이러한 행위는 의학을 다른 방식으로 생각하게 만든다. 바로 영성, 철학, 그리고 태고 적부터 전해 내려온 조상 전래의 의학 처방의 결합인 셈이다. 나는 이런 결합이 어떻게 기능하는지를 이해하려고 애썼다. 그렇지만 내가 이해할 수 있는 과학적 중심 원리를 발견할 수가 없었다. 나는 특별한 침술, 몇몇 식물이 지닌 미지의 효력, 플라시보 효과가 어떻게 작용하는지 알지 못한다. 앞으로도 기억할 것은 내가 만난 환자가 문신을 통해 치료되었다는 사실이다.

나는 단지 서양에서 문신을 위해 필수적인 무균 상태 유지가 항상 뒤따르지 않는 점을 유감스럽게 여긴다. 그러고 나서 생텍쥐페리가 한 말을 다시 생각해 보았다. "이 세상에서는 나와 크게 다른 사람이 나를 풍요롭게 만든다." 분명 여전히 고대 의학에서 배워야 할 것들이 아주 많다.

이후 문신 전문가들을 만날 때마다 미얀마 승려를 생각하지 않을 수 없다. 미얀마 승려는 무척이나 정성껏 특정 몸 부위와 그려 넣을 문양을 물색한 다음 천연 물감으로 문신을 완성한다.

문신을 새기는 행위는 하찮은 것이 아니다. 자신과 다른 사람들을 위해 결정적으로 바라는 것을 알리는 강한 메시지다. 자기 피부를 볼모로 삼아 무엇인가를 알리는 행위다.

나는 꿈꾸고 싶다. 미얀마 승려들의 지식이 문신 예술가들에게 전해지기를 …. 그래서 또 다른 차원의 문신 문화가 생겨날 수 있기를 …. 나는 먼저 문신을 원하는 사람들에게 귀를 기울일 것이다. 그 사람들이 스트레스, 불안, 긴장으로 힘겨워하고 있는지 물어볼 것이다. 서로 말하고 의견 교환하는 시간을 가졌다면 이미 충분히 이로운 노력을 한 셈이다.

어느 한 사람이 문신을 원하는 이유를, 하다못해 문신의 종류라도 이해하는 것이 필요하다. 피부는 우리 몸 내부와 외부를 가르는 기관이다. 피부는 인간 몸의 가장 넓은 영역을 차지하는 기관이다. 문신은 상징적인 신체 손상 부위를 노출하고 싶어 하는 자기 사랑의 표현일 수도 있다. 문신을 하는 심리적인 동기를 알게 되면 더 강력한 차원의 문양을 원하게 될 것이다.

문신 전문가들을 위해 미얀마 승려들이 가르치는 문신 강좌를 개설하면 어떨까? 문신 물감 종류를 배우는 것도 물론 프로그램에 들어 있어야 가능할 것이다. 오늘날에는 100가지 이상의 다양한 화학 물감 재료가 사용되고 있는데, 이러한 물감 재료들이 문신에 사용된 후, 특히 태양광선에 노출될 때 건강에 어떤 영향을 끼치는지 아직은 알지 못한다. 그래서 자연에서 나왔고 검증이 된 식물에서 물감을 찾아야 할 것인데, 이왕이면 건강에 좀 더 이익이 되는 물감을 찾게 된다면 현저하게 발전을 이룬 셈이 될 것이다.

1) 더 이상 고통을 겪지 않는 비결

고통의 시작은 개인마다 정말 많이 다르다. 나는 환자들 사이에서 주목할 만한 차이를 관찰했다. 인상적일 정도로 고통을 견뎌내는 환자들은 여러 가르침을 내게 전해 주었다. 대응하는 방식에는 두 가지가 있다. 감내하기와 극복하기가 그것이다. 첫 번째 방식은 예를 들어 요통이 당신에게 기쁨을 선사한다고 상상하는 것이다. 정신을 집중해서 이러한 통증이 당신에게 실제로 도움이 되고 있다고 말하라. 그러면 더 이상 통증을 싫어하지 않고 통증을 즐기기 시작할 것이다. 당신은 자신이 제압한 혈기왕성한 야생마처럼 인식의 단계를 바꾸게 된다. 당신은 통증에 집중하고 통증을 체험하고 있지만 그 이상으로 나아갈 수 있다. 마치 당신이 들어가 있는 방 위쪽에서 스스로를 관찰하고 있는 것처럼 말이다.

상당수 사람들이 느끼는 항문기(생후 8개월~3, 4세까지의 시기) 쾌감이 그 실례다. 항문성교 당하는 남성이나 여성이 이따금 이런 쾌감을 느낀다. 다른 사람들에게는 고역이겠지만 말이다. 이때 뇌가 하는 통증 해석이 중요한 사항이다. 손가락이든 자위 기구든 성기든 항문에 삽입하면 심한 통증이 발생한다. 항문은 신경이 아주 분포되어 있는 부위이기 때문이다. 수많은 환자들이 검진 때 이런 경험을 한다. 불쾌한 느낌을 줄여주기 위해 의사는 윤활제를 사용하고 환자가 특정 자세를 취하도록 요구한다. 두 파트너가 동의한 성관계에서는 정보가 완전히 다르다. 뇌가 첫 신호를 쾌감 신호로 해석하는 것이다. 통증은 사라지고 대신 쾌감이 자리 잡는다.

통증 때문에 생기는 두려움은 더 많은 통증, 위축, 고통을 일으킨다. 통증을 받아들이면 이미 통증이 작게 느껴지도록 제어하고 있는 셈이다. 이런 훈련은 처음에는 어려워 보이지만, 점차 당신은 통증이 조금씩 덜해지는 것을 느끼게 될 것이다. 다르게 통증을 덜어주는 현상, 역설적이게도 이상한 쾌감이 발생한다.

통증에 대항하는 두 번째 방식, 즉 극복하기는 주의를 다른 데로 돌리는 것이다. 단순하게 말해 통증을 더 이상 생각하지 않는 것이다. 더 쉽게 훈련하고 싶다면, 호흡에 집중하면서 호흡이 느려지고 깊어지도록 하라. 호흡 순환 과정을 전적으로 체험하라. 이때 통증은 두 번째 문제가 되어버리는데, 당신이 통증이 활보하는 공간을 적게 만들었기 때문이다. 요통을 예로 들자면, 아프다고 침대에 누워 있지만 말고 움직이고 걸어라. 아무렇지도 않은 듯 계속해서 움직이고 걸어라.

게다가 여러 연구들이 명쾌하게 증명하는 걸 확인해 보면 활동적인 사람보다 거동을 하지 않는 사람이 고통의 시간을 더 오래 보낸다고 한다. 고통 말고 다른 것을 생각하면 고통에 고착되지 않게 되고, 거의 움직이지 않아 생기는 짜증을 없앨 수 있다.

고통스러운데도 평온한 표정을 짓던 아시아 승려들을 보면서, 나는 그 승려들이 수많은 고통에서 자유로워지고 가능하면 약과 같은 화학적 의존물 없이 지낼 수 있는 비결을 우리에게 알려주고 있음을 깨달았다. 물론 약이 고통을 덜어주긴 하지만, 약 때문에 너무도 자주 벗어나기 힘든 악순환(의존증, 중독)에 빠져들기도 한다. 우리는 건강과 관련해 수동적이고 덜 활동적으로 되어버렸다. 대항하는 대신에 그저 감내하고 있다. 승려들이 역경 속에서도 잘 살아갈 수 있는 본래의 길을 우리에게 열어주고 있다.

2) 행복 강박증에서 탈피하자

우리는 조금 조급해졌다. 무언가 지금 당장 이루어져야 한다. 그게 무엇이든 기다릴 줄 모른다. 식사도 2분 안에 준비되어야 한다. 스마트폰 화면은 금방 뜨지 않는다고, 인터넷은 느려 터졌다고, 대중교통은 시간이 너무 오래 걸린다고 투덜거린다.

시간이 많아 여유가 있음에도 시간을 벌어야 한다고 생각한다. 그러나 실상은 시간을 물 쓰듯 허비하고 있다. 생각을 하고 행동하는 것이 아니라 그저 기계적으로 움직일 뿐이다. 우리는 로봇이 되었다. 우리가 하는 일에 집착하고 몰두할 시간이 더 이상 없다. 우리는 우리 삶에서 좀 멀어져 있다.

셀카 애호가들은 섹스를 별로 하지 않는다

콘서트를 관람하고 사진이나 동영상을 찍으면서 시간을 보내면 어떤 사건을 강렬하게 경험하지 못하게 된다. 마치 삶이 스크린에서 펼쳐지듯이 우리는 실제 감각을 느끼지 못한다. 풍경 사진도 찍고, 셀카도 찍고서 사진들을 SNS에 올리는데 시간과 공을 들이는 작업은 그저 다른 많은 사람에게 새로운 것을 확대해 보여주는 것에 불과하다. 행복과는 반대다. 네덜란드 연구진은 상당할 정도로 셀카를 좋아하는 사람들은 섹스를 별로 하지 않는다는 사실을 발견했다. 마치 가상 세계가 현실 세계보다 우위에 있는 것이나 마찬가지다.

자, 점심시간에는 스마트폰을 내려놓겠다고 결심하자. 요리 맛을 깊게 음미하고 친구들과의 대화에 몰두하자. 매일 행복의 피라미드를 짓는 데 필요한 석재들, 즉 기쁨의 순간들을 기억에 담아 두자. 셀카를 지나치게 좋아하면 행복을 해치고 고립을 자초하게 된다. 두려움에서 벗어나기 위해, “좋아요.” 숫자를 확인하고 존재감을 느끼기 위해, 끊임없이 SNS에 글이나 사진을 올리는데 그러다 보면 매일 실망감과 우울감만 늘어날 것이다. 당신을 좋아하는 가상 세계 사람들은 그다지 많지 않을 것이다. 당신에게 도움이 되는 진정한 가치들을 되찾도록 하자. 현실 세계에 정착하기 위한 간단한 훈련이 있다. 당신이 오늘 만나게 될 사람들의 눈 색깔을 기억하는 것이다.

3) 아무것도 하지 않아서 피곤하다

과학자들은 별로 쓸모는 없더라도 무엇이든 하는 사람들이 아무것도 하지 않는 사람들보다 기분이 더 크게 좋아진다는 사실을 알아냈다. 활동을 하면 유쾌함과 만족감, 살아 있다는 기쁨이 생긴다는 것이다. 이 발견 덕택에 내가 '휴가 때 경험하는 자질구레한 의기소침 상태' 또는 '일요일 오후의 야릇한 우울'이라고 불렀던 것을 이해시킬 수 있게 되었다.

대체로 휴가라는 단어에는 "쉬기 위해 아무것도 하지 않음"이라는 의미가 들어 있다. 즉 1년 중 일만 하다가 지쳐버린 일상에서 벗어난 기간을 말한다. 나는 이런 표현을 곧잘 듣곤 한다. "아무것도 하지 않아서 피곤해." 이렇게 말하는 사람은 그 이유는 알지 못하지만 맞는 말을 하고 있다. 또 그 사람은 아무것도 하지 않았는데도 지쳐 있어서 할 말이 없다고까지 생각한다.

지쳤다고 생각하면 피로감이 열 배로 커진다. 이것은 어떤 사람이 악의를 가지고, "오오, 너 오늘 얼굴빛이 안 좋네. 피곤해 보인다."라고 말했다면 곧바로 기분이 안 좋아질 것이다. 이런 말을 듣고 당신은 즉시 욱하는 마음에 "쓸데없는 소리 하지 마! 너나 병원에 가 봐!"라고 반박

할 것이다. 친절한 척 보이지만 당신이 잘못되기를 바라는 사람들을 경계하라. 절대로 그 사람들이 독이 든 사탕을 건네주면서 당신의 건강을 망가뜨리도록 내버려두지 마라.

휴가 때 공허감을 피하게 위해, 매일 해야 할 것들을 미리 고려해 두자. 우리는 수정 진동식 회중시계와 같다. 우리는 움직임 속에서만 재충전할 수 있다. 회중시계는 움직이지 않으면 멈춰 선다. 배터리가 다 됐다. 우리도 마찬가지다. 뭔가 활동을 해야 활력을 재충전할 수 있다. 이제 푹 쉬기만 하는 휴가나 주말을 생각하지 말고, 그때에 여러 가지 활동을 역동적으로 하고 새로운 정보를 찾아낼 생각을 하라.

4) 포기하거나 거절하기

우리는 한없이 무한하게 에너지를 사용할 수 없다. 우리는 매일 충분한 에너지를 가지고 있지만, 그 에너지가 효율적이고 행복하게 쓰이도록 최선을 다해 관리해야 한다. 당신이 집중할 필요가 없다고 확신하는 일이나 상황에 에너지를 소비하지 마라. 쓸데없이 녹초가 될 수 있기 때문이다. 당신에게는 고통과 우울만 남게 될 것이다. 무가치한 일에 에너지를 썼다는 생각이 들면 착잡해지고 불필요한 감정까지 갖게 된다.

마찬가지로 당신이 관여하지 않은 상황을 놓고 왈가왈부하며 시간을 보내는 것도 터무니없는 짓이다. 그 상황은 순간순간 떠오르는데, 그때마다 똑같은 말을 반복하며 날들을 허비해서는 안 된다. 끝내 고집을 부린다면 나중에 허송세월했다는 느낌이 들 것이다. 그 상황은 당신이 영향을 줄 수 없는 상황이기 때문이다. 그러다 활력을 잃고 만다. 당신의 에너지가 소진된다. 당신의 삶에 침울한 분위기를 조성하는 악순환에 빠지고 만다.

"아니오."라고 말하는 것과 초대, 선물, 악수를 거절하는 것은 어려운 일이다. 그렇지만 위장염을 앓고 있는 사람이나 병균을 옮길 위험이 있는 사람이 악수하자고 손을 내밀 수도 있고, 지루한 저녁을 함께 보내기 위해 초대받을 수도 있고, 당신을 살찌게 할 선물을 받을 때도 있을 것이다. 당신은 상대방이 기분 상할까 봐 감히 거절을 못한다. "아니오." 라고 말하는 것은 당신 스스로를 긍정하고 신념을 확고히 하는 노력이며, 다른 사람들을 겁내지 않는 용기이며 그저 당신 자신이 당당해지는 행위다. 상황이 적합하다고 느껴지지 않으면 선수를 쳐서 거절하라. 그렇게 하면 자유로워졌다는 감미로운 느낌을 갖게 될 것이다.

5) 당신의 결점과 동거하기

결점이 많은 자기 자신을 받아들여야 한다. 결점을 제거하려고 온 힘을 다 쏟는 것은 잘못되었다. 결점이 있다면 나름의 이유가 있을 것이다. 당신의 결점을 자신의 개성과 균형을 이루게 해야 한다. 그런 노력은 일종의 보상 행위다. 결점을 제거하려고 한다면 거추장스러운 또 다른 결점이 나타나게 될 것이다. 나 같으면 결점과 간격을 유지하면서 위트 있게, 결점을 없애려 하지 않고 제어하면서 더불어 살 것이다.

고대 로마의 율리우스 카이사르는 대머리였다. 그래서 월계수 관을 쓰고 다니면서 부끄러운 부위를 가렸다. 카이사르는 이 단점을 장점으로 만들었다. 월계수 관은 카이사르의 머리카락이 드물어서 더 잘 눈에 띄었다. 우리는 장점과 단점을 모두 지니고 있다. 거의 언제나 해석이 문제다. 구두쇠는 알뜰한 사람이 될 수 있다. 과체중이 오히려 유리할 때도 있다. 얼굴에 처음으로 생긴 주름은 활력이 넘친 모습으로 해석될 수 있다……. 자신의 단점을 장점으로 바꿔 해석하는 것이 행복의 비결이다. 단점은 평생 견뎌야 할 대상이라고 생각하는 대신에, 차라리 문제를 바라보는 시각을 바꿔 문제를 해소하고 행복해지기 위한 자질을 키우는 것이 낫지 않겠는가!

이런 태도를 취하면 우리 내면에 숨겨놓은 것을 외부로 드러낼 수 있게 된다. 결코 도달하지 못할 목적을 추구하면서 반드시 인정받겠다고 무진 애를 쓰지 않을 것이다. 어떤 것을 가지지 않아도 만족하는 것이 행복의 비결 중 하나다.

이렇게 만족하며 살면 광고의 유혹에 넘어가지 않을 수 있고, 특히 친구 혹은 이웃과 동질감을 느끼려고 쓸데없는 물건을 사는 일은 없을 것이다. 나는 이런 구매 행위를 '값이 매겨진 우정'이라고 부른다. 우정이라는 이름으로 사람들은 자신에게 어울리지 않는 행위나 구매를 하면서 소속감을 느끼려 한다. 자신이 진정으로 원해서 선택하고 자신이 자유로워지는 공간을 정해야, 자신의 가치관과 정체성에 맞는 행복을 만들 수 있다. 우리는 강가에서 수제비 뜨려고 던져지는 조약돌이 아니라, 조약돌을 던지는 장본인이다. 당신의 공간에서 다른 사람들이 당신을 좌지우지하도록 내맡기지 마라. 당신은 자신이 진정으로 바라는 것을 결정할 수 있는 주체자다.

에필로그

건강은 삶의 지표이자, 방식이다

이 책으로 얻을 수 있는 가장 좋은 장점은 바로 당신이 움츠러들 때마다 이 책을 뒤적거릴 수 있다는 점이다. 당신은 당신에게 해당하는 대목이나 페이지를 충분히 기억해 낼 수 있을 것이다. 그 부분을 읽으면 행복을 증진시키기 위한 새로운 자세와 습관을 취할 수 있다. 우리의 몸은 유전자로 인하여 결정되어지지 않고 그저 영향을 받을 뿐이다. 삶의 방식에 따라 얼마든지 패를 바꿀 수 있다. 이 책은 살아 있다는 기쁨과 행복을 누리며 건강하게 지내고 싶은 사람들을 위해 만들어졌다.

게다가 이 책을 읽자마자 당신은 건강한 상태에서의 수명을 연장시킬 수 있다. 실제로 독서는 장수의 묘약이다. 최근에 미국 예일 대학교의 베카 레비 박사가 발견한 사실이다. 50세 이상 된 3,500여 명의 대상자들을 대상으로 12년 동안 연구한 결과, 적어도 일주일에 3시간 30분, 그러니까 하루에 30분 독서를 한 대상자들은 이른 시기에 사망할 위험이 20% 감소했다는 사실을 확인했다. 또한 독서는 다른 여러 차원에 작용을 해서 지적 기능, 기억력, 정신 건강을 잘 유지시켜 준다는 사실도 알아냈다. 우리 몸처럼 우리의 뇌도 생존하기 위해 매일매일 훈련이 필요하다. 매일 30분간 신체 운동을 지속적으로 행하면 암, 알츠하이머병, 심혈관 질환에 걸릴 위험이 40% 줄어든다. 뇌도 마찬가지다. 몸이든 뇌든 규칙적인 활동이 부족하면 위험해진다.

독서하기에 가장 좋은 시간은 잠자기 전인 것 같다. 컴퓨터나 텔레비전 화면을 바라보면 그만큼 잠드는 시간이 늦어진다. 빛이 비추어져서 그렇고, 때때로 영화를 보다가 감정이 격해질 때도 있어서 그렇다. 반대로 차분하게 독서를 하면 더 빨리 잠들 수 있다. 나도 수면 음악을 듣기보다는 머리맡 탁자에 책을 올려놓는 것이 더 좋다. 수면 시간과 질(숙면)은 장수와 관련이 깊다. 나는 책 중에서도 행복과 살아 있다는 기쁨을 선사해 주는 책들과 새로운 세계를 발견하게 해주는 책들이 건강한 수면을 위해 가장 좋다고 생각한다. 교훈을 전해 주거나 행복해지는 생각들을 알려주는 책들이 아주 유용하다. 150편 이상의 과학 연구 논문이 이런 사실을 증명한다. 행복하게 살면 건강하게 오래 살 수 있다. 반대로 스트레스에 짓눌려 살면 수명은 단축된다. 날마다 하는 양치질처럼 독서와 신체 운동을 일상으로 삼아라. 같은 말을 반복하지 않겠다. 건강이 가장 소중한 재산이다. 매일 특정 시간을 건강에 할애하라.

이제 이 책을 당신의 책장에 꽂아놓아라. 그리고 필요할 때마다 주저하지 말고 찾아보라. 밤이든 낮이든 언제나처럼 이용하자.

2018년 프랑스에서

저자가